电网企业员工安全等级培训系列教材

第二版

自 动 化

国网浙江省电力有限公司培训中心　组编

中国电力出版社

CHINA ELECTRIC POWER PRESS

内 容 提 要

本书是"电网企业员工安全等级培训系列教材（第二版）"中的《自动化》分册，全书共七章，包括基本安全要求、保证安全的组织措施和技术措施、作业安全风险辨识评估与控制、隐患排查治理、生产现场的安全设备设施、典型违章举例与事故案例分析、班组安全管理等内容，附录中给出了现场标准化作业指导书范例和作业现场处置方案范例。

本书是电网企业员工安全等级培训自动化专业的专用教材，可作为自动化岗位人员安全培训的辅助教材，宜采用《公共安全知识》分册加本专业分册配套使用的形式开展学习培训。

本书可供从事自动化工作的专业技术人员和新员工安全等级培训使用。

图书在版编目（CIP）数据

自动化/国网浙江省电力有限公司培训中心组编. —2 版. —北京：中国电力出版社，2023.2
电网企业员工安全等级培训系列教材
ISBN 978-7-5198-7557-2

Ⅰ. ①自… Ⅱ. ①国… Ⅲ. ①电网–自动化系统–技术培训–教材 Ⅳ. ①TM76

中国国家版本馆 CIP 数据核字（2023）第 016668 号

出版发行：中国电力出版社
地　　址：北京市东城区北京站西街 19 号（邮政编码 100005）
网　　址：http://www.cepp.sgcc.com.cn
责任编辑：刘丽平
责任校对：黄　蓓　马　宁
装帧设计：赵姗姗
责任印制：石　雷

印　　刷：三河市万龙印装有限公司
版　　次：2016 年 6 月第一版　2023 年 2 月第二版
印　　次：2023 年 2 月北京第二次印刷
开　　本：710 毫米×1000 毫米　16 开本
印　　张：10.25
字　　数：166 千字
印　　数：0001—1500 册
定　　价：55.00 元

编写委员会

主　任　王凯军

副主任　吴　哲　盛　晔　黄　晓　吴剑凌　顾天雄

　　　　王　权　翁舟波

成　员　徐　冲　倪相生　黄文涛　周　辉　王建莉

　　　　高　祺　杨　扬　吴志敏　陈　蕾　叶代亮

　　　　何成彬　于　军　潘王新　邓益民　黄晓波

　　　　黄晓明　金国亮　阮剑飞　魏伟明　汪　滔

　　　　季敏剑　吴宏坚　吴　忠　范晓东　贺伟军

　　　　王　艇　岑建明　汤亿则　林立波　卢伟军

　　　　张国英

本册编写人员

刘华蕾　张　静　由甲川　黄红艳　张　超　马国梁

杨力强　叶海明　徐红泉　吴　涛　黄银强　张　锋

倪相生

前　言

为贯彻落实国家安全生产法律法规（特别是新《安全生产法》）和国家电网公司关于安全生产的有关规定，适应安全教育培训工作的新形势和新要求，进一步提高电网企业生产岗位人员的安全技术水平，推进生产岗位人员安全等级培训和认证工作，国网浙江省电力有限公司在 2016 年出版的"电网企业员工安全技术等级培训系列教材"的基础上组织修编，形成"电网企业员工安全等级培训系列教材（第二版）"。

"电网企业员工安全等级培训系列教材（第二版）"包括《公共安全知识》分册和《变电检修》《电气试验》《变电运维》《输电线路》《输电线路带电作业》《继电保护》《电网调控》《自动化》《电力通信》《配电运检》《电力电缆》《配电带电作业》《电力营销》《变电一次安装》《变电二次安装》《线路架设》等专业分册。《公共安全知识》分册内容包括安全生产法律法规知识、安全生产管理知识、现场作业安全、作业工器（机）具知识、通用安全知识五个部分；各专业分册包括相应专业的基本安全要求、保证安全的组织措施和技术措施、作业项目安全风险管控、隐患排查治理、生产现场的安全设施、典型违章举例与事故案例分析、班组安全管理七个部分。

本系列教材为电网企业员工安全等级培训专用教材，也可作为生产岗位人员安全培训辅助教材，宜采用《公共安全知识》分册加专业分册配套使用的形式开展学习培训。

鉴于编者水平所限，不足之处在所难免，敬请读者批评指正。

编　者
2023 年 1 月

目 录

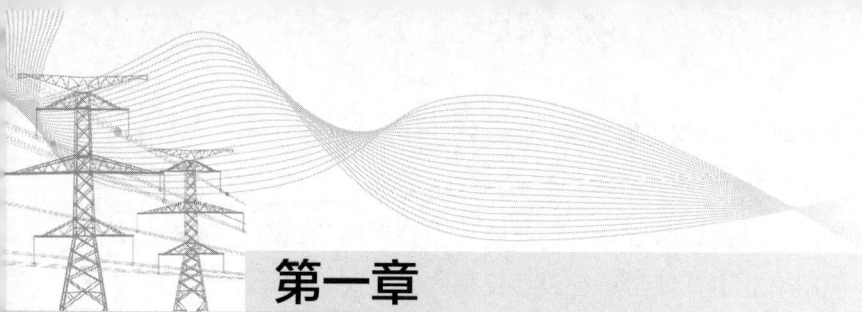

第一章

基 本 安 全 要 求

第 一 节 一 般 安 全 要 求

一、二次系统的工作要求

（1）工作前应做好准备，了解工作地点，工作范围，一次设备及二次设备的运行情况、安全措施、试验方案、上次试验记录、图纸、软件修改申请单等。核对测控、保护二次设备板卡型号及跳线设置等是否正确、齐备并符合实际。核对监控系统站控层设备、间隔层设备的软件版本号等是否正确并符合版本管控要求。检查仪器、仪表等试验设备是否完好。

（2）在二次系统上工作，根据停电范围及工作性质填用相应的工作票及二次工作安全措施票。

（3）现场工作开始前，应检查已做的安全措施是否符合要求，运行设备和检修设备之间的隔离措施是否正确完成，工作时还应仔细核对检修设备名称，严防走错位置。

（4）工作人员在现场工作过程中，凡遇到异常情况（如直流系统接地等）或断路器跳闸时，不论与本身工作是否有关，应立即停止工作，保持现状，待查明原因，确定与本工作无关时方可继续工作；若该异常情况或断路器跳闸是本身工作所引起，应保留现场并立即通知运维人员，以便及时处理。

（5）在全部或部分带电的运行屏（柜）上进行工作时，应将检修设备与运行设备前后以明显的标志隔开。

（6）在自动化监控系统屏（柜）上或附近进行打眼等振动较大的工作时，应采取防止运行中设备误动作的措施，必要时向调度申请，经值班调控员或运行值班负责人同意，将保护暂时停用。

（7）在继电保护、安全自动装置及自动化监控系统屏间的通道上搬运或安放试验设备时，不能阻塞通道，要与运行设备保持一定距离，防止事故处理时通道不畅及误碰运行设备，造成相关运行设备继电保护误动作。清扫运行设备和二次回路时，要防止振动及误碰，要使用绝缘工具。

（8）继电保护装置、安全自动装置及自动化监控系统做传动试验或一次通电或进行直流输电系统功能试验时，应通知运维人员和有关人员，并由工作负责人或由其指派专人到现场监视，方可进行。

（9）检验继电保护、安全自动装置、自动化监控系统和仪表的工作人员，不准对运行中的设备、信号系统、保护压板进行操作，但在取得运维人员许可并在检修工作盘两侧断路器把手上采取防误操作措施后，可拉合检修断路器。

（10）试验用刀闸应有熔丝并带罩，被检修设备及试验仪器禁止从运行设备上直接取试验电源，熔丝配合要适当，要防止越级熔断总电源熔丝。试验接线要经第二人复查后，方可通电。

（11）继电保护装置、安全自动装置和自动化监控系统的二次回路变动时，应按经审批后的图纸进行，无用的接线应隔离清楚，防止误拆或产生寄生回路，并进行相应的传动试验。

（12）试验工作结束后，按二次工作安全措施票逐项恢复同运行设备有关的接线，拆除临时接线，检查装置内无异物，屏面信号及各种装置状态正常，各相关压板及切换开关位置恢复至工作许可时的状态。二次工作安全措施票应随工作票归档保存 1 年。

二、在互感器二次回路上工作的安全措施

（1）所有电流互感器和电压互感器的二次绕组应有一点且仅有一点永久性的、可靠的保护接地。

（2）在带电的电流互感器二次回路上工作时，应采取下列安全措施：

1）禁止将电流互感器二次侧开路（光电流互感器除外）。

2）对电流互感器二次绕组进行短路，应使用短路片或短路线，禁止用导线缠绕。

3）在电流互感器与短路端子之间的导线上进行任何工作，应有严格的安全措施，并填用二次工作安全措施票。必要时申请停用有关保护装置、安全自动装置或测控装置。

4）工作中禁止将回路的永久接地点断开。

5）工作时，应有专人监护，使用绝缘工具，并站在绝缘垫上。

（3）在带电的电压互感器二次回路上工作时，应采取下列安全措施：

1）严格防止短路或接地，应使用绝缘工具、戴手套。必要时，工作前申请停用有关保护装置、安全自动装置或测控装置。

2）接临时负载时，应装有专用的刀闸和熔断器。

3）工作时应有专人监护，禁止将回路的安全接地点断开。

（4）二次回路通电或耐压试验前，应通知运维人员和有关人员，并派人到现场看守，检查二次回路及一次设备上确无人工作后，方可加压。

（5）电压互感器的二次回路通电试验时，为防止由二次侧向一次侧反充电，除应将二次回路断开外，还应取下电压互感器高压熔断器或断开电压互感器一次隔离开关。

三、现场作业的器具和仪器仪表的安全要求

仪器仪表及工器具应满足作业要求并定期检验合格，安全工器具应定期检验合格。器具和仪器仪表在使用中为了避免设备损坏及人身伤害，应遵循以下原则：

1. 数字万用表

数字万用表是将测量的电压、电流、电阻等参数直接用数字形式显示出来的测试仪表。在使用数字万用表时，应注意以下事项：

（1）检测调试表笔，看是否有损坏的绝缘或裸露的金属，检测表笔的通断性，并在用于数字万用表前更换损坏的表笔。

（2）当量测电流时，必须在数字万用表连接入线路之前断开线路的电源。

（3）在量测时，应先连接公共调试表笔（黑表笔）再连接带电表笔（红表笔）；断开连接时，请先断开带电表笔，再断开公共表笔。

（4）当电源低电压指示符号出现时，应尽快更换电源，以免误读数而可能导致的电击或人员伤害。

（5）不能用万用表去量测万用表所示的 CAT 分类等级以外的电压。

2. 钳形表

钳形表是一种用于测量正在运行的电气线路电流大小的仪表，可在不断电的情况下测量电流。在使用钳形表时，应注意以下事项：

（1）注意钳形电流表的电压等级，严禁用低压钳形表测量高电压回路的电流。用高压钳形表测量时，应由两人操作，测量时应戴绝缘手套，站在绝缘垫上，不得触及其他设备，以防止短路或接地。

（2）观测表计时，要特别注意保持头部与带电部分的安全距离，人体任何部分与带电体的距离不得小于钳形表的整个长度。

（3）在高压回路上测量时，禁止用导线从钳形电流表另接表计测量。测量高压电缆各相电流时，电缆头线间距离应在 300mm 以上且绝缘良好，待认为测量方便时方能进行。

（4）测量低压可熔保险器或水平排列低压母线电流时，应在测量前将各相可熔保险器或母线用绝缘材料进行保护隔离，以免引起相间短路。

（5）当电缆有一相接地时，严禁测量，防止出现因电缆头的绝缘水平低发生对地击穿爆炸而危及人身安全。

（6）钳形电流表测量结束后应拨至最大量程挡，以免下次使用时不慎过流，并应保存在干燥的室内。

3. 网络分析仪

网络分析仪可以针对局域网中存在的网络异常情况进行分析，具有操作简单、接线方便、界面友好、抗干扰能力强、测量过程全自动等特点。在使用网络分析仪时，应注意以下事项：

（1）通电前检查仪器交流供电的电源线路使用三芯电源线。

（2）确保仪器良好接地。

（3）操作人员佩带防静电腕带，身着防静电服。

4. 交流采样校验仪

交流采样校验仪是专为电力系统测控装置等设备的交流采样参数检定和功能测试而量身定做的高精度校验设备。在使用交流采样校验仪时，应注意以下事项：

（1）开机前应可靠接地，以保证人、机安全工作。

（2）做完一次试验后，请将各调节旋钮调到最小值。

（3）测试仪的各路电源不得用作永久性电源，本机电源间歇使用，大电流输出持续时间不得超过 5min。

（4）测试仪在出现异常时请及时关断电源或按"复位"键。

（5）接入或切断被试装置时，输出端可能带电，应注意安全。

（6）在空接点状态时，绝不允许接入带电被试装置，否则将损坏测试仪器。

（7）接入或切断被试装置时，输出端可能带电，应注意安全。

四、电力监控系统上工作的安全要求

（1）设备、业务系统接入生产控制大区或安全Ⅲ区应经电力监控系统归口管理单位（部门）批准。

（2）电力监控系统上工作应使用专用的调试计算机及移动存储介质，调试计算机严禁接入外网。

（3）禁止除专用横向单向物理隔离装置以外的其他设备跨接生产控制大区和管理信息大区。

（4）禁止电力调度数字证书系统接入任何网络。

（5）禁止在电力监控系统中安装未经安全认证的软件。

（6）禁止在电力监控系统运行环境中进行新设备研发及测试工作。

（7）禁止直接通过互联网更新软硬件补丁和安全设备的特征库、规则库、防病毒软件病毒库等。

（8）禁止未经许可在电力监控系统上开展作业。

（9）禁止未通过电力安全工作规程考试的人员参加现场作业。

（10）禁止未经许可关闭或重启安全设备，或绕过边界防护设备将两侧网络直连。

（11）禁止在设备 USB 接口中插入手机或无线网卡。

（12）禁止在设备上开启空闲硬件端口和高危网络服务。

（13）禁止在设备和业务系统中设置弱口令。

（14）禁止在边界防护设备中配置全通策略，或在纵向加密装置中配置明文策略。

（15）禁止对外泄漏电力监控系统网络拓扑、防护方案、漏洞信息和账号密码等敏感信息。

（16）电力监控系统投运前，应删除临时账号和临时数据，并修改系统默认账号和默认口令。

（17）电力监控系统设备变更用途或退役，应擦除或销毁其中数据。

（18）电力监控系统的过期账号及其权限应及时注销或调整。

（19）在电力监控系统上进行板件更换、软件升级、配置修改等工作前，应核对型号、规格及软件版本信息等。

（20）需停电检修的电力监控设备，应将设备退出运行、断开外部电源连接、断开网络连接，并做好防静电措施。

（21）更换电力监控设备的热插拔部件、内部板卡等配件时，应做好防静电措施。

（22）工作过程中需对设备部分参数进行临时修改时，应做好修改前后相应记录，工作结束前应恢复被临时修改的参数。

（23）在电力监控系统上进行传动试验时，应通知被控制设备的运维人员和其他有关人员，并由工作负责人或由其指派专人到现场监视，且做好防误控等安全措施后，方可进行。

第二节　自动化系统运行的安全要求

一、运行维护

1. 运行维护管理要求

（1）运行维护和值班人员应严格执行相关的运行管理制度，保持自动化系统设备机房和周围环境的整齐清洁。在处理自动化系统故障、进行重要测试或操作时，不得进行运行值班人员交接班。

（2）自动化系统的专责人员应对自动化系统和设备进行巡视、检查、测试和记录，确保系统平台和各项应用功能、网络、安全防护设备等正常运行；核对自动化基础数据的准确性和计算结果的正确性，确保数据准确可靠。发现异常情况应及时处理，做好记录并按有关规定进行汇报。

（3）主站在进行系统运行维护时，如可能影响到向调度员提供的自动化信息时，自动化值班人员应提前通知值班调度员，获得准许后方可进行；如可能影响到向相关电力调度机构传送的自动化信息时，应提前通知相关电力调度机构自动化值班人员，影响上级调度自动化信息的工作，须获得准许后方可进行。对于影响较大的工作，应办理有关手续。

（4）子站运行维护部门应保证维护范围内设备的正常运行及信息的完整性和正确性，发现故障或接到设备故障通知后，应立即按相关规定进行处理，并及时向对其有调度管辖权和设备监控权的电力调度机构自动化值班人员汇报。事后应详细记录故障现象、原因及处理过程，必要时写出分析报告，并报对其有调度管辖权和设备监控权的电力调度机构自动化管理部门备案。

（5）子站运行维护部门应建立设备的台账（卡）、运行日志和设备缺陷、测试数据等记录。每月做好运行统计和分析，按时向对其有调度管辖权的电力调度机构自动化管理部门填报运行维护设备的运行月报。

（6）厂站在进行有关工作时，如可能影响到向相关电力调度机构传送的自动化信息时，应按规定提前向相关电力调度机构自动化值班人员汇报，并获得对其有调度管辖权和设备监控权的电力调度机构的准许后方可进行，自动化值班人员应及时通知值班调度员和监控员。

（7）由于一次系统的变更（如厂站设备的增减、主接线变更、互感器变比改变等），需修改相应的画面和数据库等内容时，应以经过批准的书面通知或流程单为准。

（8）厂站未经对其有调度管辖权和设备监控权的电力调度机构自动化管理部门的同意，不得在子站设备及其二次回路上工作和操作，但按规定由运行人员操作的开关、按钮、压板及保险器等不在此限。

（9）为保证自动化系统的正常维护，及时排除故障，自动化管理部门和子站运行维护部门应配有必要的交通工具和通信工具，并应视需要配备自动化专用的仪器、仪表、工具、备品、备件等。

（10）凡对运行中的自动化系统做重大修改，均应经过技术论证，提出书面改进方案，经主管领导批准和相关电力调度机构确认后方可实施。技术改进后的设备和软件应经过 3～6 个月的试运行，验收合格后方可正式投入运行，同时应对相关技术人员进行培训。

（11）凡参与电网 AGC、AVC 调整的发电机组，在新机组进入商业化运营前或监控系统改造投产前，必须经过对其有调度管辖权的电力调度机构组织的系统联合测试。测试前发电厂应向电力调度机构提出进行系统联合测试的申请，并提供机组有关现场试验报告；系统联合测试合格后，由电力调度机构以书面形式通知发电厂。

（12）凡参与电网 AVC 调整的变电站，在变电站投运前，应由对其有设备监控权的电力调度机构对站内电压无功设备（包括变压器分接头、并联电容器/电抗器、静止无功补偿器）进行联合测试，测试合格后方允许投入 AVC 控制。

（13）凡参与 AGC、AVC 调整的单位必须保证相关设备的正常投入，除紧急情况外，未经调度许可不得擅自改变其运行状态和运行参数。

2. 投运和退役管理要求

（1）厂站向调度机构传输自动化实时信息的内容按《电力系统调度自动化设计技术规程》（DL/T 5003—2017）、《变电站调控数据交互规范》（Q/GDW 11021—2013）执行，满足调度监控运行要求。

（2）子站设备应与一次系统同步设计、同步建设、同步验收、同步投入使用。

（3）厂站新安装的子站设备或软件功能投入正式运行前，要经过 3～6 个月的试运行期；在试运行期间，工程建设管理部门应将有关技术资料，包括功能技术规范、竣工验收报告、投运设备清单等提供给相关调度机构和厂站运行维护单位，并经对其有调度管辖权的调度机构书面批准后方能投入正式运行。在试运行期间，加强运行管理，提高设备可靠性。

（4）新投产机组的 AGC/AVC 功能应在机组移交商业运行时同时投入使用。

（5）新研制的产品（设备）必须经过技术鉴定后方可投入试运行，试运行期限为 0.5～1 年，转入正式运行的规定同（3）。

（6）新设备投运前，工程建设管理部门应对新设备运行维护人员进行技术培训。

（7）子站设备永久退出运行，应事先由其维护单位向对其有调度管辖权的电力调度机构自动化管理部门提出书面申请，经批准后方可进行。一发多收的设备，应经有关调度协商后再做决定。

（8）子站新设备投入运行前或旧设备永久退出运行，自动化管理部门应及时书面通知通信部门以便安排接入或退出相应的通道。

（9）主站系统投入运行或旧设备永久退出运行，应履行相应的手续。

3. 应急处置及模拟演练管理要求

各级电力调度机构自动化管理部门和子站运行维护部门应制定自动化系统安全管理规定、应急预案和相应的处理流程，并定期进行预演或模拟验证，建立安全通报机制。

二、系统与设备的检修管理

1. 检修计划管理

（1）自动化设备检修分为计划检修、临时检修和故障抢修。

（2）计划检修是指纳入年度计划和月度计划的检修工作，计划检修应提交自动化设备检修申请，经审批后开展工作。

（3）临时检修是指未纳入计划检修的，须临时处理的重大设备隐患、故障善后工作等。临时检修应提交自动化设备检修申请，经审批后开展工作。

（4）故障抢修是指由于设备健康或其他原因须立即进行抢修恢复的工作。故障抢修不纳入计划管理，可经电话审批后开展工作，但要在工作完毕后补办检修申请。

（5）计划检修应包括上级调度管辖的、与上级调度有信息传输关系的设备检修，以及本单位自动化技改、大修项目的设备检修，涵盖新安装设备的投运检验、运行中设备的定期检验和补充检验及消缺。

（6）自动化设备年度检修计划应结合一次设备的检修计划进行编制，并与一次设备基建、改造计划配合，自动化子站设备年度检修计划由设备检修单位负责填报，提交调控中心审核，纳入单位年度生产计划。

（7）自动化设备月度检修计划应结合月度生产计划进行编制，由设备检修单位负责填报，提交调控中心审核，月度检修计划在每月 8 日前上报，纳入本单位月度生产计划。

（8）月度检修计划内容应包括计划检修的设备、是否停电检修、检修工作主要内容、检修工作的起止时间以及对上送信息、网安告警、遥控遥调功能的影响情况等。

（9）各检修单位负责编制所辖变电站自动化设备的月度检修计划，按照变电站电压等级与设备调度权限上报相应的调控中心专业管理部门。500kV 及以上电压等级变电站、换流站子站设备上报省调控中心；220kV 变电站自动化设备提交地区调控中心审核并上报省调控中心；110kV 及以下电压等级自动化设备上报地区调控中心。

（10）主站自动化设备检修计划由调控中心编制并报上级调控中心。

（11）对未列入月度检修计划的检修项目，原则上不安排在该月内进行，未列入月度计划但必须开展的临时检修工作，必须提交自动化检修申请。

（12）若有特殊原因无法按照月度计划规定的日期开展工作的，检修单位必须在设备计划检修日前3个工作日向上级管理部门做出书面说明。

（13）若主站系统有故障抢修，自动化网安值班人员应及时告知受影响的相关业务部门。如对上级调度自动化业务产生影响，应及时向上级调度自动化网安值班人员汇报。故障抢修结束后，应及时提供故障分析报告。

（14）子站设备故障抢修，运维人员应及时向对其有调度管辖权和设备监控权的调度机构自动化网安值班人员汇报，告知故障情况、影响范围，并按照现场规定进行故障处理。处理完毕后尽快将故障处理情况报相应调度机构自动化管理部门。

2. 检验周期管理

（1）自动化设备检修工作应充分利用自动化设备的技术特点，综合考虑自动化设备状态、运行质量、成本等因素，在保证电网安全运行的前提下，按照资产全寿命周期管理的理念，开展周期检修工作。

（2）主站自动化设备例行性检验工作宜每4年一次，可结合实用化验收或复查进行。

（3）自动化子站设备周期检修原则上应与相应一次设备同步开展，检修周期不应超过6年。首次检修应在投运后1～2年内完成，或在竣工验收时开展首检式验收。

（4）重大保供电及台风、雷雨季节等恶劣天气来临前，各单位应做好自动化设备特别巡检工作，每年迎峰度夏前应做好自动化设备的专业巡检工作。

（5）主站自动化系统应每年开展等级保护测评及加固工作。

（6）220kV及以上变电站等级保护测评周期最长不超过3年，但每年应组织开展一次自评估工作。

（7）110kV及以下电压等级变电站等级保护测评以自评估方式为主，评估周期最长不超过2年。

3. 检修申请及审批

（1）检修工作根据检修计划需向调控中心提交××省电网自动化设备检修申请表。涉及国调中心、网调分中心的计划检修和临时检修，应提前5个工作日提出申请。其他计划检修和临时检修，应提前3个工作日提出申请。

（2）自动化设备的检修申请应执行自动化设备检修申请线上管理流程。自动化设备检修申请由设备检修单位填报。

（3）对国调中心、网调分中心自动化业务产生影响的主站自动化设备检修申请由省调控中心填报，上级调控中心审核批复；对省调控中心自动化业务产生影响的主站自动化设备检修申请由地区调控中心填报，省调控中心审核批复；对地区调控中心自动化业务产生影响的主站自动化设备检修申请由检修单位填报，地区调控中心审核批复。

（4）500kV 及以上变电站自动化设备检修申请由所辖检修单位填报，经省调控中心审核并上报上级调控中心批复；220kV 变电站自动化设备检修申请由地区检修公司填报，经地区调控中心审核并上报上级调控中心批复；110kV 及以下电压等级变电站自动化设备检修申请由所属检修单位填报，地区调控中心审核并批复。

（5）涉及国调中心、网调分中心的电厂自动化设备检修申请由电厂填报，经省调控中心审核并上报上级调控中心；涉及省调控中心的电厂自动化设备检修申请由电厂填报，省调控中心审核批复；涉及地区调控中心的电厂自动化设备检修申请由电厂填报，地区调控中心审核批复。

（6）对遥控、遥调等电网控制功能或一次设备监控产生影响的自动化检修申请，须经相关部门会签。

（7）自动化设备的检修申请批复权限参照××省电网自动化设备检修工作申请批复权限表。检修申请批复单流转至自动化网安运行值班执行。

（8）自动化设备检修申请应写明检修设备名称、检修性质、工作内容、起止时间、设备状态、影响范围、安全措施、工作负责人、联系方式等内容。自动化设备检修申请原则上按检修对象上报。

（9）自动化设备检修工作可能造成网络安全管理平台告警的，应在检修申请中明确影响范围，工作开始前应经相关调度自动化网安值班人员许可，工作结束后及时汇报。

（10）自动化设备检修工作的延期，至少提前 1 小时提出申请，经原批复单位自动化网安当值值班员批复后方可延期，检修延期只允许 1 次。

（11）已批准的检修工作，检修单位不得无故取消。因特殊原因需更改检修时间，应提前 6 小时提出申请，经原批复单位批复后方可更改时间。

（12）对于已经终结的××省电网自动化设备检修申请，相应设备的检修工作需重新办理申请手续。

（13）检修人员根据批准的检修内容和时间办理检修工作票及工作票许可手续。

（14）自动化设备检修工作开始前，须由现场工作负责人向相关调控中心自动化网安值班人员汇报，汇报内容至少应包括对自动化设备、网络安全的影响，同意后方可开始检修工作。

（15）自动化设备检修过程中如发生意外情况，应立即采取紧急措施，并向相关调控中心自动化网安值班人员汇报。

（16）检修过程中检修人员若需要对运行中的自动化设备进行参数下装、装置重启、主备机切换、网安设备配置调整等操作，可能影响相关调控中心自动化实时数据传输和网络安全运行监视，须告知相关调控中心自动化网安值班员，做好相应的措施。操作结束后需及时与相关调控中心自动化网安值班人员核实调控实时数据正确性、网络安全运行情况。对出现异常情况的，应恢复原有参数配置及运行模式，并分析异常原因。

（17）对涉及通道接口设备的自动化检修需要进行通道测试工作，信通公司应做好相关配合。

4. 检修工作终结管理

（1）主站自动化设备检修工作全部结束后，应完成检修验收和恢复工作，由检修人员与相关调控中心自动化网安值班人员核对相关自动化业务及网络安全管理平台中的告警和指标情况，并确认正常，同时做好检修试验记录，方可终结工作票。

（2）变电站自动化设备检修工作全部结束后，应完成检修验收和恢复工作，由检修人员与相关调控中心自动化网安值班人员核对相关自动化业务及网络安全管理平台的告警和指标情况，并确认正常，同时做好检修试验记录，得到现场运行人员确认后方可终结工作票。

（3）电厂自动化设备检修工作全部结束后，应完成检修验收和恢复工作，由检修人员与相关调控中心自动化网安值班人员核对相关自动化业务及网络安全管理平台的告警和指标情况，并确认 AGC 和 AVC 功能正常，同时做好检修试验记录，得到现场运行人员确认后方可终结工作票。

（4）自动化设备检修若涉及回路、参数、网安策略的变更，应及时修改有关图纸及资料，使其与设备实际相符，并报送相关单位核备。

（5）重大项目检修工作结束后，应在 15 天内完成检修报告编制工作。

三、系统与设备的缺陷管理

1. 缺陷范围

（1）自动化系统缺陷指调度自动化系统及设备运行中出现的异常或发现的隐患。根据缺陷对系统安全、稳定运行的影响程度，分为紧急缺陷、重要缺陷和一般缺陷。

（2）紧急缺陷指已经引发自动化系统、调度管理或变电管理的故障或事故，必须立即处理的缺陷。

（3）重要缺陷指对自动化系统、调度管理或变电管理的正常运行有一定影响，但短时期内不会引发故障或事故，必须限期处理的缺陷。

（4）一般缺陷指对自动化系统、调度管理或变电管理无明显影响，在较长时间内不会引发故障或事故，但应安排处理的缺陷。

2. 缺陷过程管理

（1）缺陷发现阶段要求。

1）省调控中心负责省调主站自动化系统的运行监视和巡视工作，发现系统缺陷后，应及时开展应急处置，并通知相关部门。

2）省调控中心负责自动化系统所接子站的运行监视工作。对于 500kV 及以上变电站缺陷，应及时做好主站侧应急处置并通知设备所辖检修单位；对于 220kV 变电站缺陷，应及时做好主站侧应急处置并及时通知地区调控中心；对于统调发电厂（站）缺陷，应及时做好主站侧应急处置并及时通知发电厂（站）。

3）地区调控中心负责地调主站自动化系统的运行监视、巡视工作，发现系统缺陷后应及时开展应急处置，并通知相关部门。

4）地区调控中心做好自动化系统所接子站的运行监视工作。对于 220kV 及以下变电站缺陷，应及时做好主站侧应急处置并通知地区检修公司；对于地区所辖发电厂（站）及用户变电站缺陷，应及时做好主站侧应急处置并及时通知发电厂（站）和用户。

5）500kV 及以上变电站现场巡视工作由设备所属检修运维单位，发现缺陷后，根据缺陷影响范围及时通知相关部门，并做好缺陷填报工作。

6）地区检修公司负责 220kV 及以下变电站现场巡视工作，发现缺陷后，根据缺陷影响范围及时通知相关部门，并做好缺陷填报工作。

7）发电厂（站）及用户变电站检修运维部门负责子站系统现场巡视工作，发现缺陷后，根据缺陷影响范围及时通知相关部门。

（2）缺陷处理阶段要求。

1）紧急缺陷：检修部门接到紧急缺陷的通知后，应立即安排人员处理，要求在 4 小时内进行处理，24 小时内处理完毕。若有特殊情况不能处理的，应汇报相应调控中心。

2）重要缺陷：检修部门接到重要缺陷的通知后，应立即安排人员处理，要求在 24 小时内进行处理，1 周内处理完毕。若有特殊情况不能处理的，应根据相应调控中心的意见在 1 个月内处理完毕。

3）一般缺陷：检修部门接到一般缺陷的通知后，应根据轻重缓急，安排人员处理，要求 2 周内处理完毕；若有特殊情况不能处理的，应排出消缺计划，经相应调控中心审核，结合检修计划安排处理，3 个月内处理完毕。

4）紧急缺陷消缺工作可不执行检修申请流程，但须向设备相关调控中心当值自动化网安值班人员口头申请，通过许可后方可开展消缺工作。

5）缺陷处理应严格遵守《××省电网自动化设备检修管理规定》。自动化系统紧急缺陷年消缺率应达到 100%，重要缺陷年消缺率应达到 98%以上，一般缺陷年消缺率应达到 90%以上。

6）检修部门接到缺陷通知后，根据缺陷分类处理要求，组织检修人员进行处理。

7）对影响相关调控中心自动化系统信息传送的缺陷，检修人员处理完毕后，应与相关调控中心自动化网安值班人员确认，并由设备运行人员验收合格后方可结束消缺工作。

8）缺陷处理完毕后，及时按规定详细、准确填写缺陷原因、处理过程、处理结果，重大故障应填写重大故障消缺报告。

（3）缺陷统计分析阶段要求。

1）检修部门应定期进行缺陷统计和分析工作，形成季度、年度缺陷汇总分析报告，上报相应调控中心。

2）检修部门应定期开展缺陷分析和设备评价工作，针对重大故障，由调控中心制定相应反措方案并下发，设备运维单位负责落实反措实施工作。

（4）备品备件管理要求。

设备运维单位应做好自动化设备的备品备件管理工作，采购、仓储、记录等工作应有专责管理,满足设备消缺及时性要求。

第三节 电力监控系统安全防护

一、安全分区的划分原则

安全分区是电力监控系统安全防护体系的结构基础。发电企业、电网企业内部基于计算机和网络技术的应用系统,原则上划分为生产控制大区和管理信息大区。生产控制大区可以分为控制区(又称安全区Ⅰ)和非控制区(又称安全区Ⅱ)。

在满足电力监控系统安全防护总体原则的前提下,可以根据应用系统实际情况,简化安全区的设置,但要避免通过广域网形成不同安全区的纵向交叉连接。

1. 生产控制大区

(1)控制区(安全区Ⅰ)。控制区中的业务系统或其功能模块(或子系统)的典型特征:是电力生产的重要环节,直接实现对电力一次系统的实时监控,纵向使用电力调度数据网络或专用通道,是安全防护的重点与核心。

控制区的典型业务系统包括电力数据采集和监控系统、能量管理系统、广域相量测量系统、配电网自动化系统、变电站自动化系统、发电厂自动监控系统等,其主要使用者为调控员和运行操作人员,数据传输实时性为毫秒级或秒级,其数据通信使用电力调度数据网的实时子网或专用通道进行传输。该区内还包括采用专用通道的控制系统,如继电保护、安全自动控制系统、低频自动减负荷系统、负荷管理系统等,这类系统对数据传输的实时性要求为毫秒级或秒级。

(2)非控制区(安全区Ⅱ)。非控制区中的业务系统或其功能模块的典型特征:是电力生产的必要环节,具备控制功能,使用电力调度数据网络,与控制区中的业务系统或其功能模块联系紧密。

非控制区的传统典型业务系统包括调度员培训模拟系统、水库调度自动化系统、故障录波信息管理系统、电能量计量系统、实时和次日电力市场运营系统等,其主要使用者分别为电力调度员、水电调度员、继电保护人员及电力市场交易员等。在厂站端还包括电能量远方终端、故障录波装置及发电厂的报价系统等。非控制区的数据采集频度是分钟级或小时级，其数据通信使用电力调度数据网的非实时子网。

2. 管理信息大区

管理信息大区是指生产控制大区以外的单位管理业务系统的集合。管理信息大区的传统典型业务系统包括调度生产管理系统、行政电话网管系统、电力企业数据网等。各发供电企业可以根据情况划分安全区，但不应影响生产控制大区的安全。

3. 业务系统分置于安全区的原则

根据业务系统或其功能模块的实时性、使用者、主要功能、设备使用场所、各业务系统间的相互关系、广域网通信方式以及对电力系统的影响程度等，按以下规则将业务系统或其功能模块置于相应的安全区：

（1）实时控制系统、有实时控制功能的业务模块以及未来有实时控制功能的业务系统应置于控制区。

（2）应当尽可能将业务系统完整置于一个安全区内。当业务系统的某些功能模块与此业务系统不属于同一个安全分区内时，可将其功能模块分置于相应的安全区中，经过安全区之间的安全隔离设施进行通信。

（3）不允许把应当属于高安全等级区域的业务系统或其功能模块迁移到低安全等级区域；但允许把属于低安全等级区域的业务系统或其功能模块放置于高安全等级区域。

（4）对不存在外部网络联系的孤立业务系统，其安全分区无特殊要求，但需遵守所在安全区的防护要求。

（5）对小型县调、配调、小型电厂和变电站的电力监控系统，可以根据具体情况不设非控制区、重点防护控制区。

（6）对于新一代电网调度控制系统，其实时监控与预警功能模块应当置于控制区，调度计划和安全校核功能模块应当置于非控制区，调度管理功能模块应当置于管理信息大区。

二、电力监控系统安全分区的划分

1. 电力调度中心监控系统

电力调度中心各安全区的业务功能详见表 1－1。

表 1－1 调度中心电力监控系统分区划分

业务系统	控制区	非控制区	管理信息大区
能量管理	电网和设备监控、AGC、AVC、安全分析等		Web 发布
广域相量测量系统	动态数据采集、实时数据处理、分析等		Web 发布
安全自动控制系统	稳定分析、决策生成和下发		
通信监控系统	通信监控信息采集、监视		
继电保护	继电保护远方修改定值、远方投退等控制功能		
故障录波信息管理系统		故障录波信息管理模块	
电力设备在线监测		信息采集、处理	信息采集、处理
实时和次日电力市场运营系统	在线安全稳定校核	交易、结算、考核内网报价	外网报价、公众信息发布
调控员培训模拟系统		调控员培训模拟	
水库调度自动化系统		水情信息采集、处理	
电能量计量系统		电能量采集、处理	
电网动态监控系统	在线监控、稳定计算等		
电力市场监管信息系统接口			向电力市场监管系统发布有关信息
调度生产管理系统			数据统计、分析、报表、管理流程
雷电监测系统			采集、处理
气象/卫星云图系统			接收、处理
视频监控系统			接收、处理
调度信息发布			Web 服务
办公自动化			MIS.OA
电力调度数据网络	实时子网	非实时子网	

2. 变电站监控系统

变电站监控系统各安全区的业务功能详见表 1－2。

表 1-2　　　　　　　　　　变电站监控系统安全分区

业务系统或设备	控制区	非控制区	管理信息大区
变电站监控系统	变电站监控系统		
"五防"系统	"五防"系统		
广域相量测量装置	广域相量测量装置		
电能量采集装置		电能量采集装置	
继电保护	继电保护装置及管理终端（有设置功能）	继电保护管理终端（无设置功能）	
故障录波		故障录波装置	
安全自动控制子站系统	安全自动控制装置		
集控站的集控功能	集控站集控功能		
生产管理系统			生产管理系统
一次设备在线监测		一次设备在线监测	
辅助设备监控		辅助设备监控	

三、电力监控系统安全防护设备的运行管理

（1）地级以上调度机构应设置电力监控系统安全防护专职岗位，负责电力监控系统安全防护专业管理，以及本单位安全防护设备的运行管理。各单位应配置安全防护监视管理和审计平台，防病毒系统、IPS/IDS 设备等应及时更新特征代码库，安全设备应开启日志审计功能。

（2）地级以上调控中心应部署网络安全管理平台，建立网络安全运行值班机制，监测网络安全风险和安防设施的运行状态。

（3）业务系统及设备的接入方式应满足电力监控系统安全防护相关规定的要求。接入单位应向主管部门提出书面（或电子流程）申请，并提交相应接入技术方案，经批准后方可接入。主机设备接入系统前，应采取相关安全防范或加固措施，确保主机安全。

（4）网络安防设备运行信息应统一接入调控机构的网络安全管理平台，实现对网络安全运行状态和告警的实时监控。

（5）严格控制生产控制大区移动介质和外部设备的接入，防止生产控制大区设备与互联网违规连接。严格控制生产控制大区拨号访问和远程运维，确需

使用的，应按要求落实技术和管理措施，并严格实施监控和审计。

（6）自动化系统及设备出现非法外联、外部入侵等人为网络安全事件时，调控中心应组织运维单位（检修）立即赶赴现场处置并提供详细分析报告。

（7）已经投入运行的系统及设备如存在已知的漏洞和风险，应按照要求及时进行加固，并强化网络隔离、安全管控等措施，保障运行安全。

（8）自动化系统及设备的配置变更前，应先备份可能受到影响的程序、配置文件、运行参数、运行数据和日志文件等。存在冗余设备的，应先在备用设备上修改和调试，经测试无误后再在其他设备上修改和调试。工作结束前，应验证业务运行是否正常。

（9）安全设备故障、维修、变更、退出运行都会引起其安全功能失效，运行维护单位应立即处理，并及时向主管部门提交书面（或电子流程）报告，关键安全设备应启用备品备件替换。

（10）变电站网络安全设备退役前应向相应调控机构提出书面申请，说明设备退役原因，经同意后方可退役，并按设备报废流程进行报废。设备报废前应清空配置，纵向加密认证装置等含有电力专用加密芯片的安全防护设备在报废前，应将设备交由原厂家进行报废处理。

（11）电力监控系统安全防护设备退役前，运维单位应向系统管理部门提出书面申请，说明设备退役原因，经批准后方可退出运行。

（12）运维单位应与外部服务商及人员签订保密协议，人员经安全教育后方可进入现场开展维护工作。

第四节　现场标准化作业指导书（卡）的编制和应用

编制和执行标准化作业指导书是实现现场标准化作业的具体形式和方法。标准化作业指导书应突出安全和质量两条主线，对现场作业活动的全过程进行细化、量化和标准化，保证作业过程的安全和质量处于可控、在控状态，达到事前管理、过程控制的要求和预控目标。现场作业指导书是对作业计划、准备、实施、总结等各个环节明确具体操作的方法、步骤、措施、标准和人员责任，依据工作流程组合成的执行文件。

一、现场标准化作业指导书的编制原则和依据

1. 现场标准化作业指导书的编制原则

按照电力安全生产有关法律法规、技术标准、规程规定和《国家电网公司现场标准化作业指导书编制导则》（国家电网生〔2004〕503 号）的要求，作业指导书的编制应遵循以下原则：

（1）坚持"安全第一、预防为主、综合治理"的方针，体现凡事有人负责、凡事有章可循、凡事有据可查、凡事有人监督。

（2）符合安全生产法规、规定、标准、规程的要求，具有实用性和可操作性。概念清楚、表达准确、文字简练、格式统一，且含义具有唯一性。

（3）现场作业指导书的编制应依据生产计划和现场作业对象的实际，进行危险点分析，制定相应的防范措施。体现对现场作业的全过程控制，体现对设备及人员行为的全过程管理。

（4）现场作业指导书应在开展作业前编制，注重策划和设计，量化、细化、标准化每项作业内容。集中体现工作（作业）要求具体化、工作人员明确化、工作责任直接化、工作过程程序化，做到作业有程序、安全有措施、质量有标准、考核有依据，并起到优化作业方案，提高工作效率、降低生产成本的作用。

（5）现场作业指导书应以人为本，贯彻安全生产健康环境质量管理体系（SHEQ）的要求，应规定保证本项作业安全和质量的技术措施、组织措施、工序及验收内容。

（6）现场作业指导书应结合现场实际由专业技术人员编写，由相应的主管部门审批，编写、审核、批准和执行应签字齐全。

2. 现场标准化作业指导书的编制依据

（1）安全生产法律、法规、规程、标准及设备说明书。

（2）缺陷管理、反措要求、技术监督等企业管理规定和文件。

二、现场标准化作业指导书的结构内容及格式

现场标准化作业指导书由封面、范围、引用文件、修前准备、流程图、作业程序及作业标准、验收记录、作业指导书执行情况评估和附录 9 项内容组成。

1. 封面

由作业名称、编号、编写人及时间、审核人及时间、批准人及时间、作业

负责人、作业工期、编制部门 8 项内容组成。

（1）作业名称：作业名称应包含作业地点、设备的电压等级、编号及作业的性质。

（2）编号：编号应具有唯一性和可追溯性，便于查找。可采用企业标准编号 Q/×××，位于封面的右上角。

（3）编写人员及时间：编写人员负责作业指导书的编写。在指导书编写人一栏内签名，并注明编写时间。

（4）审核人及时间：审核人负责作业指导书的审核，对编写的正确性负责。在指导书审核人一栏内签名，并注明审核时间。

（5）批准人及时间：作业指导书执行的许可人在指导书批准人一栏内签名，并注明批准时间。

（6）作业负责人：作业负责人组织执行作业指导书，对作业的安全、质量负责。在指导书作业负责人一栏内签名。

（7）作业工期：指现场作业的具体工作时间。

（8）编制部门：指作业指导书的具体编制单位。

2. 范围

对作业指导书的应用范围做出具体的规定。

3. 引用文件

明确编写作业指导书所引用的法规、规程、标准、设备说明书及企业管理规定和文件（按标准格式列出）。

4. 修前准备

由准备工作安排、作业人员要求、备品备件、工器具、材料、定置图及围栏图、危险点分析、安全措施、人员分工 9 部分组成。

（1）准备工作安排：明确作业项目、确定作业人员并组织学习作业指导书；确定准备作业所需物品的时间和要求；核定工作票、动火票的时间和要求；明确现场定置摆放的时间和要求。

（2）作业人员要求：工作人员的精神状态良好；工作人员具备相应的资格，如作业技能、安全资质和特殊工种资质等。

（3）备品备件：根据作业项目，确定所需的备品备件。

（4）工器具：专用工具、常用工器具、仪器仪表、电源设施、消防器材等。

（5）材料：消耗性材料、装置性材料等。

（6）定置图及围栏图：规定作业现场所需材料、工器具的放置位置及现场围栏装设位置。

（7）危险点分析：作业场地的特点，如带电、交叉作业、高空等可能给作业人员带来的危险因素；工作环境的情况，如高温、高压、易燃、易爆、有害气体、缺氧等可能给工作人员的安全、健康造成的危害；工作中使用的机械、设备、工具等可能给工作人员带来的危害或设备异常；操作程序、工艺流程颠倒，操作方法的失误等可能给工作人员带来的危害或设备异常；作业人员的身体状况不适、思想波动、不安全行为、技术水平能力不足等可能带来的危害或设备异常；其他可能给作业人员带来危害或造成设备异常的不安全因素等。

（8）安全措施：各类工器具的使用措施，如梯子、吊车、电动工具等；特殊工作措施，如高空作业、电气焊、油气处理、汽油的使用管理等；专业交叉作业措施，如高压试验、保护传动等；储压、旋转元件检修措施，如储压器、储能电机等；对危险点、相邻带电部位所采取的措施；工作票中所规定的安全措施；着装规定等。

（9）人员分工：明确作业人员所承担的具体作业任务。

5. 流程图

根据设备的结构，将现场作业全过程以最佳的作业顺序，对作业项目完成时间进行量化，明确完成时间和责任人。

6. 作业程序及作业标准

由开工、电源的使用、动火、作业内容和工艺标准、竣工5部分组成。

（1）开工：规定办理开工许可手续前应检查落实的内容；规定开工会的内容；规定现场到位人员。

（2）电源的使用：规定电源接取的位置；规定配电箱的配置；规定接取电源的注意事项；对导线的要求。

（3）动火：规定动火人员的资格、防护措施；规定消防措施；规定动火前的检查项目。

（4）作业内容和工艺标准：按照作业流程图，对每一个作业项目明确工艺标准、安全措施及注意事项，记录作业结果和责任人。

（5）竣工：规定工作结束后的注意事项，如清理工作现场、关闭电源、清点工具、回收材料、办理工作票终结等。

7. 验收记录

内容包括：记录改进和更换的零部件；存在问题及处理意见；班组验收意见及签字；运行单位验收意见及签字；车间验收意见及签字；公司验收意见及签字。

8. 作业指导书执行情况评估

内容包括：对指导书的符合性、可操作性进行评价；对可操作项、不可操作项、修改项、遗漏项、存在问题做出统计；提出改进意见。

9. 附录

内容包括：设备主要技术参数，必要时附设备简图，说明作业现场情况；调试数据记录。

现场标准化作业指导书范例见附录 A。

三、现场标准化作业指导书现场执行卡的编制

按照简化、优化、实用化的要求，根据不同的作业类型，现场标准化作业采用风险控制卡、工序质量控制卡，重大作业项目应编制施工方案。风险控制卡、工序质量控制卡统称为现场执行卡。

1. 现场执行卡编写和使用原则

（1）符合安全生产法规、规定、标准、规程的要求，具有实用性和可操作性，内容应简单、明了、无歧义。

（2）应针对现场和作业对象的实际，进行危险点分析，制定相应的防范措施，体现对现场作业的全过程控制，对设备及人员行为实现全过程管理，不能简单照搬照抄范本。

（3）现场执行卡的使用应体现差异化，根据作业负责人技能等级区别使用不同级别的现场执行卡。

（4）应重点突出现场安全管理，强化作业中工艺流程的关键步骤。

（5）原则上，凡使用工作票的停电作业，应同时对应每份工作票编写和使用一份现场执行卡；对于部分作业指导书包含的复杂作业，也可根据现场实际需要对应一份或多份现场执行卡。

（6）涉及多专业的作业，各有关专业要分别编制和使用各自专业的现场执行卡，现场执行卡在作业程序上应能实现相互之间的有机结合。

（7）各类现场执行卡应有编号，且具有唯一性和可追溯性。

2. 现场执行卡分级编制的原则

根据工作负责人的技能水平和工作经验使用不同等级的现场执行卡。设定工作负责人等级区分办法，根据各工作负责人的技能等级和工作经验及能力综合评定，并每年审核下发负责人等级名单。工作负责人应依据单位认定的技能等级采用相应的现场执行卡。

3. 现场执行卡的内容补充、审核和批准原则

原则上，110kV 及以下输变电设备的 C 级及以下的作业在专业室完成审批，220kV 及以上的输变电设备 C 级及以下的作业由各单位运检部批准，可能引起 110kV 变电站全停风险的作业由各单位负责生产的副总师批准，可能引起多个 110kV 变电站全停或 220kV 变电站全停及更大风险的作业由各单位主管生产的领导批准并报省公司设备部。

四、现场标准化作业指导书（现场执行卡）的应用

现场标准化作业对列入生产计划的各类现场作业均必须使用经过批准的现场标准化作业指导书（现场执行卡）。各单位在遵循现场标准化作业基本原则的基础上，根据实际情况对现场标准化作业指导书（现场执行卡）的使用做出明确规定，并可以采用必要的方便现场作业的措施。

（1）现场标准化作业指导书（现场执行卡）在使用前必须进行专题学习和培训，保证作业人员熟练掌握作业程序和各项安全、质量要求。

（2）在现场作业实施过程中，工作负责人对现场标准化作业指导书（现场执行卡）按作业程序的正确执行负全面责任。工作负责人应亲自或指定专人按现场执行步骤填写、逐项打勾和签名，不得跳项和漏项，并做好相关记录。有关人员也必须履行签字手续。

（3）依据现场标准化作业指导书（现场执行卡）进行工作的过程中，如发现有与现场实际、相关图纸及有关规定不符等情况时，应由工作负责人根据现场实际情况及时修改现场标准化作业指导书（现场执行卡），并经现场标准化作业指导书（现场执行卡）审批人同意后，方可继续按现场标准化作业指导书（现场执行卡）进行作业。作业结束后，现场标准化作业指导书（现场执行卡）审批人应履行补签字手续。

（4）依据现场标准化作业指导书（现场执行卡）进行工作的过程中，如发现设备存在事先未发现的缺陷和异常，应立即汇报工作负责人，并进行详细分

析，制定处理意见，经现场标准化作业指导书（现场执行卡）审批人同意后方可进行下一项工作。设备缺陷或异常情况及处理结果，应详细记录在现场标准化作业指导书（现场执行卡）中。作业结束后，现场标准化作业指导书（现场执行卡）审批人应履行补签字手续。

（5）作业完成后，工作负责人应对现场标准化作业指导书（现场执行卡）的应用情况做出评估，明确修改意见并在作业完工后及时反馈给现场标准化作业指导书（现场执行卡）编制人。

（6）事故抢修、紧急缺陷处理等突发临时性工作，应尽量使用现场标准化作业指导书（现场执行卡）。在条件不允许的情况下，可不使用现场标准化作业指导书（现场执行卡），但要按照标准化作业的要求，在工作开始前进行危险点分析并采取相应安全措施。

（7）对大型、复杂、不常进行、危险性较大的作业，应编制风险控制卡、工序质量控制卡和施工方案，并同时使用作业指导书。

对危险性相对较小的作业、规模一般的作业、单一设备的简单和常规作业、作业人员较熟悉的作业，应在充分熟悉作业指导书的基础上，编制和使用现场执行卡。

第二章

保证安全的组织措施和技术措施

第一节　保证安全的组织措施

一、电力监控系统工作保证安全的组织措施

在电力监控系统上工作，保证安全的组织措施有现场勘察制度、工作票制度和工作终结制度。

1. 现场勘察制度

对电力监控系统进行安装调试、检修等作业时，工作票签发人或工作负责人认为有必要勘察现场的，应根据工作任务组织现场勘察，并填写现场勘察记录。对涉及多专业、多单位的大型复杂作业项目，应由项目主管单位（部门）组织相关人员共同参与。现场勘察记录由工作负责人收执。现场勘察记录应同工作票一起至少保存一年。

2. 工作票制度

（1）在电力监控系统上工作，应按下列方式进行：

1）填用电力监控工作票。电力监控工作票格式见《国家电网公司电力安全工作规程（电力监控部分）（试行）》的附录 A，也可使用其他名称和格式或与其他工作票整合，但应包含工作负责人、工作班人员、工作地点、工作内容、计划工作时间、安全措施、工作票签发手续、现场交底签名、工作票延期手续、工作终结手续等主要要素。

2）使用书面记录或按口头、电话命令执行。

（2）应填用电力监控工作票的工作为：

1）电力监控主站系统软硬件安装调试、更新升级、退出运行、故障处理、设备消缺、配置变更，数据库迁移、表结构变更、传动试验、AGC/AVC 试验

等工作。

2）电力监控子站系统软硬件安装调试、更新升级，退出运行、故障处理、设备消缺、配置变更，数据库迁移、表结构变更、监控信息联调、传动试验、设备定检等工作。

（3）其他不需填用电力监控工作票的工作，应使用书面记录或按口头、电话命令执行。

1）书面记录指工单、工作记录、巡视记录等。

2）按口头、电话命令执行的工作应留有录音或书面派工记录。

（4）工作票的填写与签发。

1）工作票由工作负责人填写，也可由工作票签发人填写。

2）工作票应使用统一的票面格式，采用计算机生成、打印或手工方式填写，至少一式两份。采用手工方式填写时，应使用黑色或蓝色的钢（水）笔或圆珠笔填写与签发。工作票编号应连续。

3）工作票由工作票签发人审核，电子或手工签名后方可执行。

4）一张工作票中，工作票签发人与工作负责人不得互相兼任。

5）工作票由电力监控系统运维单位（部门）签发，也可由经电力监控系统运维单位（部门）审核批准的检修单位签发。

（5）工作票的使用。

1）一个工作负责人不能同时执行多张电力监控工作票。

2）工作票一份由工作负责人收执，另一份由工作票签发人收执。

3）需要变更工作班人员时，应经工作负责人同意，在对新的工作班人员履行安全交底手续后方可参与工作。非特殊情况不得变更工作负责人，如确需变更工作负责人应由工作票签发人同意，工作负责人允许变更一次。原、现工作负责人应对工作任务和安全措施进行交接。人员变动情况记录在工作票备注栏中。

4）在工作票的安全措施范围内增加工作任务时，应征得工作票签发人同意，并在工作票上增加工作任务。若需变更或增设安全措施，应填用新的工作票。

5）工作票有破损不能继续使用时，应办理新的工作票。

6）电力监控系统故障抢修时，工作票可不经工作票签发人书面签发，但应经工作票签发人同意，并在工作票备注栏中注明。

7）已终结的工作票及其他书面记录、录音应至少保存一年。

（6）工作票的有效期与延期。

1）工作票的有效期以批准的检修期为限。

2）办理工作票延期手续，应在工作票的有效期内，由工作负责人向工作票签发人提出申请，得到工作票签发人同意后方能办理。每张工作票只能延期一次。

（7）工作票所列人员的基本条件。

1）工作票签发人应由熟悉人员技术水平、熟悉电力监控系统情况、熟悉《国家电网公司电力安全工作规程（电力监控部分）》并经本单位批准的人员担任。工作票签发人员名单应公布。检修单位的工作票签发人名单应事先送相关运维单位备案。

2）工作负责人应具有本专业工作经验，熟悉工作范围内电力监控系统情况、熟悉《国家电网公司电力安全工作规程（电力监控部分）》、熟悉工作班人员工作能力，并经本部门批准的人员担任，名单应公布。检修单位的工作负责人名单应事先送相关运维部门备案。

（8）工作票所列人员的安全责任。

1）工作票签发人：

a）确认工作的必要性和安全性。

b）确认工作票上所填安全措施是否正确完备。

c）确认所派工作负责人和工作班人员是否适当、充足。

2）工作负责人：

a）正确组织工作。

b）检查工作票所列安全措施是否正确完备，是否符合现场实际条件。

c）工作前，对工作班人员进行工作任务、安全措施和风险点告知，并确认每个工作班人员都已签名。

d）执行由其负责的安全措施。

e）关注工作班人员身体状况和精神状态是否正常，人员变动是否合适。

f）确定需监护的作业内容，并确保监护执行到位。

3）工作班人员：

a）熟悉工作内容、工作流程，掌握安全措施，明确工作中的风险点，并在工作票上履行交底签名确认手续。

b）服从工作负责人的指挥，严格遵守《国家电网公司电力安全工作规程（电力监控部分）》和劳动纪律，在确定的作业范围内工作，对自己在工作中的行为负责，互相关心工作安全。

c）执行由其负责的安全措施。

d）正确使用工器具、调试计算机（或其他专用设备）、存储介质、软件工具等。

3．工作终结制度

（1）工作完成后，工作班应删除工作过程中产生的临时数据、临时账号等内容，确认电力监控系统运行正常，清扫、整理现场，全体工作班人员撤离工作地点。

（2）工作负责人应向工作票签发人交待工作内容、发现的问题、验证结果和存在问题等，确认无遗留物件后方可办理工作终结手续。

（3）工作终结报告应按以下方式进行：

1）当面报告。工作负责人和工作票签发人应在电力监控工作票上记录终结时间，并分别签名。

2）电话报告。工作负责人和工作票签发人应分别在电力监控工作票上记录终结时间和双方姓名，并复诵无误。

二、运维站、变电站工作保证安全的组织措施

1．工作票和操作票制度

（1）运维站、变电站的工作票和操作票由运维站负责管理，按月评价，统一保存。工作票和操作票保存期至少一年。

（2）第一种工作票应提前一日送达运维站，第二种工作票应事先通知运维站，可在工作当日工作开始前送达。

（3）运维站接到工作票后，应根据工作任务和变电站设备实际运行情况，认真审核工作票上所填安全措施是否正确、完善并符合现场条件。

（4）工作许可时，运维站人员带好经审核正确的工作票，到变电站现场办理许可手续，并在现场做好记录。许可完毕后及时告知运维站，运维站做好相应记录。

（5）工作间断时，工作票负责人必须整理好现场、断开试验用电源、锁好门窗、所有安全措施保持不动，以电话形式向运维站人员办理收工手续。运维

站人员必须使用录音电话办理收工手续，同时在相关记录上做好登记。

（6）次日复工时，工作票负责人以电话形式向运维站人员办理复工手续，询问清楚检修设备安全措施是否变动等情况，若无变动则电话许可开工，运维站人员必须使用录音电话办理复工手续；若有变动，运维站应派相应岗位的人员到变电站现场，重新履行许可手续。

（7）工作票延期，由工作票负责人向运维站人员提出申请，运维站人员向调控中心申请，经调控中心批准并在现场有关安全措施满足的前提下办理工作延期手续，并将结果告知运维站。

（8）检修工作临近结束，工作票负责人可预先与运维站人员协商工作验收时间，运维站应派相应岗位的人员到现场进行验收，办理工作终结手续。

（9）工作票终结后，变电站现场具有正值及以上岗位资格的运维人员，可直接向相关调控中心汇报，做好相关记录并及时告知运维站，运维站应做好相应记录。

（10）工作计划推迟或取消，工作票因故推迟或取消时，运维站在接到通知后应及时告知运维站，双方做好记录。

（11）线路工作班进入变电站工作，需要变电站采取安全措施的，应在进入变电站工作前通知运维站，由运维站派人到变电站许可工作。

2. 倒闸操作制度

（1）调度命令应使用三重命名，即变电站名称+设备命名+设备编号。监控人员和运维站人员在进行接（发）令时，应有两人进行，一人接（发）令，另一人监听，并按要求进行录音。

（2）正常情况下，网调的操作命令（预令和正令）均发至运维站，由运维站执行或下达给相应运维站（变电站）；省调、地调的操作预令发至运维站，由运维站下达给相应运维站（变电站）。

（3）运维站接受省调、地调的操作预令后，应及时将调度预令转发到相应的运维站。运维站根据调度预令完成操作票的填写、审核工作。

（4）省调、地调的操作正令发至需操作的变电站现场，由具有正值及以上岗位资格的运维人员接受调度操作命令，并与调控中心进行现场业务联系。

（5）采用许可制的操作，操作许可预令到运维站，许可正令到操作现场。

（6）运维站人员到达操作现场后，必须先告知运维站，同时必须做好禁止运维站遥控操作本所相关设备的措施。

（7）监控人员应在监控后台监视变电站的设备变化及相关信息等情况，发现疑问应立即告知变电站现场的运维站人员终止操作，双方排除疑问后方可继续。

（8）现场倒闸操作结束后，运维站人员在核对现场的运行方式正确后应及时向运维站汇报，双方核实正确后运维站人员才能汇报调控中心。

3. 值班制度

为确保电网的安全经济运行，运维站的运行值班方式和监控连续值班时间应经过各单位主管生产的领导批准并满足下列条件：

（1）运维站实行 24h 监控值班制，在正常情况下，每班（值）至少配有 3 名监控值班人员，其中 1 名值长，1 名正值及以上运行值班人员。同一监控人员连续值班时间以 6～8h 为宜，最长不得超过 12h。

（2）运维站实行 24h 值班制，但在每天晚上 21:00 至次日上午 7:00 期间，可实行备班制值班方式。备班值班人员不得少于 2 人，其中 1 人为正值及以上岗位人员。

运维站应根据所管辖变电站的数量、范围和人员配置等情况，科学合理地安排运维站人员的值班方式，满足在正常情况下对所管辖变电站进行倒闸操作、工作许可（验收）、设备巡视和日常运行维护所需人员以及应急情况时的机动值班人员需求。

4. 监控制度

（1）运维站必须做到每天 24h 有人监视监控后台；特殊情况下，当将某一（些）变电站的监视职责临时移交运维站或变电站现场时，运维站或变电站现场人员必须认真履行相应的监视职责。

（2）运维站主要负责监视以下画面和信息：

1）各变电站的总光字图；

2）各变电站的一次设备运行情况；

3）断路器跳闸（变位）、保护和自动装置动作情况；

4）主变压器的温度和负荷，各级母线电压，各设备输送功率、电流等遥测信息；

5）监视预告信号画面，包括烟雾报警、防盗、设备异常、故障信息等；

6）监视各变电站的直流母线电压，站用电电压和负荷。

（3）发生事故、异常时，监控人员应首先汇报调控中心，同时立即通知运维站，派人到现场检查，并按事故和异常情况的处理规定进行处理。

（4）当运维站监控后台异常不能实行监控时，运维站可将相应变电站的监控职责临时移交给运维站或变电站现场进行监控，等恢复正常后再收回监控权，在进行监控交接过程中必须做好电话录音。

（5）当监控后台无法显示运行信息时，运维站应立即派人到现场，及时了解、掌握设备运行状况和保护信息，发现异常情况及时向调控中心和运维站汇报。

5. 交接班制度

（1）运维站交接班。

1）交班人员应在交接班前 30min，按交班内容完成交班准备工作，对交班的各种记录和内容的正确性、完整性负责；

2）交接班由交接值长带领交接双方人员一起在监控屏幕前进行，交接班时必须严肃认真，交接过程中双方值班人员应做到看清、讲清、问清、查清、点清；

3）接班人员应在交接班前 5min 到达交接地点，交接班时接班人员经检查核对认为无异议后，经交接双方在交接班记录上分别签名后，交接班方告结束。

（2）变电站现场的交接班。对运维站所管辖的少人（留守）值班变电站，其交接班时间原则上应与运维站同步，并履行交接手续。交接班结束后，接班人员应及时与运维站汇报联系。

6. 变电站特殊状态

发生故障、重大异常、防汛抗台、火灾、水灾、地震、人为破坏、灾害性天气、重要保电任务、综合自动化设备通信中断等情况都视为特殊状态。

变电站特殊状态分为可预见和不可预见两类：可预见的变电站特殊状态是指有预先通知的情况，如防汛抗台、可预见的灾害性天气、重要保电任务等；不可预见的变电站特殊状态是指没有预先通知、预兆的情况，如故障、重大异常、火灾、地震、人为破坏、灾害性天气、综合自动化设备通信中断等。

（1）变电站特殊状态的启动规定：

1）可预见的变电站特殊状态由专业室生产领导负责启动，按事先编制的各类预案执行；

2）局部性的不可预见的变电站特殊状态，由运维站当值值长启动，按各单位事先编制的有关预案执行。

（2）变电站特殊状态处理流程：

1）特殊状态下，运维站当值值长通知相关运维站，派人赶赴现场，同时根据变电站上传的故障异常信息、图像监控画面信息对事故异常情况进行初步判断，并向有关调控中心、主管部门做初步汇报；

2）运维站人员到达变电站后，应立即汇报运维站，并按照相关规定进行现场检查，运维站应及时将现场人员情况汇报有关调控中心；

3）运维站人员应及时将现场检查情况和故障情况，直接向调控中心进行汇报，并告知运维站；

4）在变电站现场的运维站人员应根据调度指令，在变电站现场进行特殊状态情况的处理；

5）特殊状态处理告一段落后，运维站人员应及时向运维站汇报处理过程，监控人员应在运维站做好相关记录；

6）特殊状态处理结束后，运维站人员离开变电站前，应征得运维站当值值长的同意；

7）在特殊状态处理后，变电站现场运维站人员应及时向运维站汇报处理过程，并汇报上级主管部门；

8）各单位应制定并明确无人值班变电站运维站特殊状态处理流程。

第二节　保证安全的技术措施

一、运维站、变电站工作保证安全的技术措施

在电气设备上工作，保证安全的技术措施包括停电、验电、接地、悬挂标示牌和装设遮栏（围栏）。上述措施由运维人员或有权执行操作的人员执行。

1. 停电

（1）工作地点应停电的设备如下：

1）检修的设备；

2）与工作人员在进行工作中正常活动范围的距离小于表 2-1 规定的设备；

3）在 35kV 及以下的设备处工作，安全距离虽大于表 2-1 规定，但小于表 2-2 规定，同时又无绝缘隔板、安全遮栏措施的设备；

4）带电部分在工作人员后面、两侧、上下，且无可靠安全措施的设备；

5）其他需要停电的设备。

表2－1　　　工作人员工作中正常活动范围与设备带电部分的安全距离

电压等级（kV）	安全距离（m）	电压等级（kV）	安全距离（m）
10及以下	0.35	500	5.00
20、35	0.60	1000	9.50
110	1.50	±500	6.80
220	3.00	±800	10.10

表2－2　　　　　　　　　　设备不停电时的安全距离

电压等级（kV）	安全距离（m）	电压等级（kV）	安全距离（m）
10及以下	0.70	500	5.00
20、35	1.00	1000	8.70
110	1.50	±500	6.00
220	3.00	±800	9.30

（2）检修设备停电，应把各方面的电源完全断开（任何运行中的星形接线设备的中性点，应视为带电设备）。禁止在只经断路器断开电源的设备上工作。应拉开隔离开关，手车开关应拉至试验或检修位置，应使各方面有一个明显的断开点。若无法观察到停电设备的断开点，应有能够反映设备运行状态的电气和机械等指示。与停电设备有关的变压器和电压互感器，应将设备各侧断开，防止向停电检修设备反送电。

（3）检修设备和可能来电侧的断路器、隔离开关应断开控制电源和合闸电源，隔离开关操作把手应锁住，确保不会误送电。

（4）对难以做到与电源完全断开的检修设备，可以拆除设备与电源之间的电气连接。

2. 验电

（1）验电时，应使用相应电压等级且合格的接触式验电器，在装设接地线或合接地刀闸处对各相分别验电。验电前，应先在有电设备上进行试验，确认验电器良好；无法在有电设备上进行试验时，可用工频高压发生器等确认验电器良好。

（2）高压验电应戴绝缘手套。验电器的伸缩式绝缘棒长度应拉足，验电时手应握在手柄处不得超过护环，人体应与验电设备保持表 2-2 中规定的距离。雨雪天气时不得进行室外直接验电。

（3）对无法进行直接验电的设备、高压直流输电设备和雨雪天气时的户外设备，可以进行间接验电，即通过设备的机械指示位置、电气指示、带电显示装置、仪表及各种遥测、遥信等信号的变化来判断。判断时，至少应有两个非同样原理或非同源的指示发生对应变化，且所有这些确定的指示均已同时发生对应变化，才能确认该设备已无电。以上检查项目应填写在操作票中作为检查项。检查中若发现其他任何信号有异常，均应停止操作，查明原因。若进行遥控操作，可采用上述间接方法或其他可靠的方法进行间接验电。

330kV 及以上的电气设备，可采用间接验电的方法进行验电。

（4）表示设备断开和允许进入间隔的信号、经常接入的电压表等，如果指示有电，在排除异常情况前，禁止在设备上工作。

3. 接地

（1）装设接地线应由两人进行（经批准可以单人装设接地线的项目及运维人员除外）。

（2）当验明设备确已无电压后，应立即将检修设备接地并三相短路。电缆及电容器接地前应逐相充分放电，星形接线电容器的中性点应接地，串联电容器及与整组电容器脱离的电容器应逐个多次放电，装在绝缘支架上的电容器外壳也应放电。

（3）对于可能送电至停电设备的各方面都应装设接地线或合上接地刀闸，所装接地线与带电部分应考虑接地线摆动时仍符合安全距离的规定。

（4）对于因平行或邻近带电设备导致检修设备可能产生感应电压时，应加装工作接地线或使用个人保安线，加装的接地线应登录在工作票上，个人保安线由工作人员自装自拆。

（5）在门型构架的线路侧进行停电检修，若工作地点与所装接地线的距离小于 10m，工作地点虽在接地线外侧，也可不另装接地线。

（6）检修部分若分为几个在电气上不相连接的部分（如分段母线以隔离开关或断路器隔开分成几段），则各段应分别验电接地短路。降压变电站全部停电时，应将各个可能来电侧的部分接地短路，其余部分不必每段都装设接地线或合上接地刀闸。

（7）接地线、接地刀闸与检修设备之间不得连有断路器或熔断器。若由于设备原因，接地刀闸与检修设备之间连有断路器，在合上接地刀闸和断路器后，应有保证断路器不会分闸的措施。

（8）在配电装置上，接地线应装在该装置导电部分的规定地点，这些地点的油漆应刮去，并划有黑色标记。所有配电装置的适当地点，均应设有与接地网相连的接地端，接地电阻应合格。接地线应采用三相短路式接地线，若使用分相式接地线时，应设置三相合一的接地端。

（9）装设接地线应先接接地端，后接导体端，接地线应接触良好，连接应可靠。拆接地线的顺序与此相反。装、拆接地线均应使用绝缘棒和戴绝缘手套。人体不得碰触接地线或未接地的导线，以防止触电。带接地线拆设备接头时，应采取防止接地线脱落的措施。

（10）成套接地线由赔透明护套的多股软铜线组成，其截面不得小于$25mm^2$，同时应满足装设地点短路电流的要求。禁止使用其他导线作接地线或短路线。接地线应使用专用的线夹固定在导体上，禁止用缠绕的方法接地或短路。

（11）禁止作业人员擅自移动或拆除接地线。高压回路上的工作，必须要拆除全部或一部分接地线后才能进行（如测量母线和电缆的绝缘电阻、测量线路参数、检查断路器触头是否同时接触），如：

1）拆除一相接地线；

2）拆除接地线，保留短路线；

3）将接地线全部拆除或拉开接地刀闸。

上述工作应征得运维人员的许可（根据调控人员指令装设的接地线，应征得调控人员的许可）方可进行，工作完毕后立即恢复。

（12）每组接地线均应编号，并存放在固定地点。存放位置亦应编号，接地线号码与存放位置号码应一致。

（13）装、拆接地线应做好记录，交接班时应交代清楚。

4. 悬挂标示牌和装设遮栏（围栏）

（1）在一经合闸即可送电到工作地点的断路器和隔离开关的操作把手上，均应悬挂"禁止合闸，有人工作！"的标示牌。

如果线路上有人工作，应在线路断路器和隔离开关操作把手上悬挂"禁止合闸，线路有人工作！"的标示牌。

对由于设备原因，接地刀闸与检修设备之间连有断路器，在接地刀闸和断路器合上后，在断路器操作把手上应悬挂"禁止分闸！"的标示牌。

在显示屏上进行操作的断路器和隔离开关的操作处均应相应设置"禁止合闸，有人工作！"或"禁止合闸，线路有人工作！"及"禁止分闸！"的标记。

（2）部分停电的工作，安全距离小于表 2－2 规定的未停电设备，应装设临时遮栏。临时遮栏与带电部分的距离不得小于表 2－1 的规定数值，临时遮栏可用干燥木材、橡胶或其他坚韧绝缘材料制成，装设应牢固，并悬挂"止步，高压危险！"的标示牌。

35kV 及以下设备的临时遮栏，如因工作特殊需要，可用绝缘隔板与带电部分直接接触。绝缘隔板的绝缘性能应符合要求。

（3）在室内高压设备上工作，应在工作地点两旁及对面运行设备间隔的遮栏（围栏）上和禁止通行的过道遮栏（围栏）上悬挂"止步，高压危险！"的标示牌。

（4）高压断路器柜内手车开关拉出后，隔离带电部位的挡板封闭后禁止开启，并设置"止步，高压危险！"的标示牌。

（5）在室外高压设备上工作，应在工作地点四周装设围栏，其出入口要围至邻近道路旁边，并设有"从此进出！"的标示牌。工作地点四周围栏上悬挂适当数量的"止步，高压危险！"标示牌，标示牌应朝向围栏里面。若室外配电装置的大部分设备停电，只有个别地点保留有带电设备而其他设备无触及带电导体的可能时，可以在带电设备四周装设全封闭围栏，围栏上悬挂适当数量的"止步，高压危险！"标示牌，标示牌应朝向围栏外面。

禁止越过围栏。

（6）在工作地点设置"在此工作！"的标示牌。

（7）在室外构架上工作，应在工作地点邻近带电部分的横梁上悬挂"止步，高压危险！"的标示牌。在工作人员上下铁架或梯子上，应悬挂"从此上下！"的标示牌。在邻近其他可能误登的带电构架上，应悬挂"禁止攀登，高压危险！"的标示牌。

（8）禁止工作人员擅自移动或拆除遮栏（围栏）、标示牌。因工作原因必须短时移动或拆除遮栏（围栏）、标示牌，应征得工作许可人同意，并在工作负责人的监护下进行。完毕后应立即恢复。

（9）直流换流站单极停电工作，应在双极公共区域设备与停电区域之间设置围栏，在围栏面向停电设备及运行阀厅门口悬挂"止步，高压危险！"标示牌。在检修阀厅和直流场设备处设置"在此工作！"的标示牌。

二、电力监控系统工作保证安全的技术措施

1. 数字证书系统

数字证书系统包括证书申请、审核、签发、废弃、发布等。

（1）从事证书系统管理操作的人员必须是正式编制且经过背景调查的人员。

（2）为明确安全职责，建立有效的安全机制，保证证书系统内部管理和操作的安全，管理、录入、审核、签发操作权限赋予不同的人员。

（3）颁发数字证书的计算机必须存放于保险箱中，保险箱的钥匙和密码由不同人员保管。

（4）数字证书系统使用完毕后，应立即放置保险箱中，避免无关人员的物理接触。

2. 电力监控工作票

电力监控工作票应填写的安全技术措施包括授权、备份、验证。

（1）授权。工作开始前，应对作业人员进行身份鉴别和授权；授权应基于权限最小化和权限分离的原则。

（2）备份。工作开始时应备份可能受到影响的程序、配置文件、运行参数、运行数据和日志文件等。

（3）验证。工作开始时应检查工作对象及受影响对象的运行状态；在冗余系统（双/多机、双/多节点、双/多通道或双/多电源）中将检修设备切换成非主用状态时，应确认其余主机、节点、通道或电源正常运行。

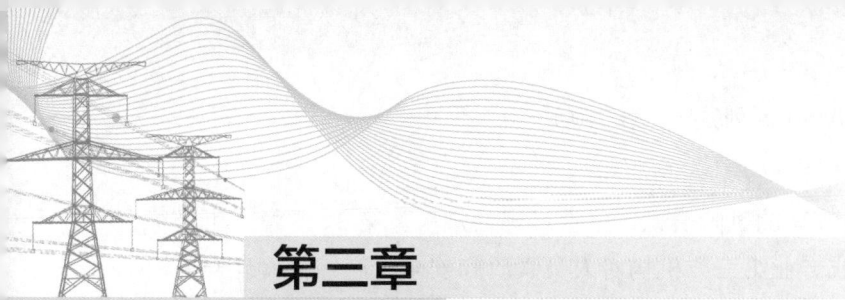

第三章

作业安全风险辨识评估与控制

第一节　概　　述

本节依据国家电网公司发布的《安全风险管理工作基本规范（试行）》（国家电网安监〔2011〕139号）和《生产作业风险管控工作规范（试行）》（国家电网安监〔2011〕137号），阐述作业项目安全风险控制的职责与分工、计划编制、作业组织、现场实施、检查与改进等要求，以对作业安全风险实施超前分析和流程化控制，形成流程规范、措施明确、责任落实、可控在控的安全风险管控机制。

一、风险管控流程

作业项目安全风险管控流程包括风险辨识、风险评估、风险预警、风险控制、检查与改进等环节。

1. 风险辨识

风险辨识是指辨识风险的存在并确定其特性的过程。风险辨识包括静态风险辨识、动态风险辨识和作业项目风险辨识。

（1）静态风险辨识。静态风险辨识是依据国家电网公司发布的《供电企业安全风险评估规范》（简称《评估规范》）等事先拟好的检查清单对现场风险因素进行辨识并制定风险控制措施，为风险评估、风险控制提供基础数据。主要开展三个方面的工作：设备、环境的风险辨识，人员素质及管理的风险辨识，风险数据库的建立与应用。

1）设备、环境的风险辨识：依据《评估规范》第1、2章，有计划、有目的地开展设备、环境、工器具、劳动防护及物料等静态风险的辨识，找出存在的危险因素。

2）人员素质及管理的风险辨识：依据《评估规范》第3、5章，可进行自查，也可由专家组或专业第三方机构对人员素质和安全生产综合管理开展周期性的辨识，查找影响安全的危险因素。

3）风险数据库的建立与应用：采用信息化手段，建立风险数据库，对风险辨识结果实行动态维护，保证数据真实、完整，便于实际应用。

（2）动态风险辨识。动态风险辨识是对照作业安全风险辨识范本对作业过程中的风险因素进行辨识，并制订风险控制措施。

（3）作业项目风险辨识。作业安全风险辨识范本参照国家电网公司发布的《供电企业作业风险辨识防范手册》编制，是以标准化作业流程为依据，指导作业人员辨识作业过程中的风险，并明确其典型控制措施的参考规范。

作业项目风险辨识一般采用三维辨识法对整个项目所包含的风险因素进行辨识，并制定风险控制措施。三维辨识法是指对照作业安全风险辨识范本辨识作业过程中的动态风险、查看作业安全风险库辨识作业过程中的静态风险、现场勘察确认的一种风险辨识方法。

作业安全风险库是由作业安全风险事件组成，风险事件由对现场各类风险进行辨识、评估所得。

2. 风险评估

风险评估是指对事故发生的可能性和后果进行分析与评估，并给出风险等级的过程。

静态风险评估一般采用 LEC 法，动态风险评估一般采用 PR 法。风险等级分为一般、较大、重大三级。

作业项目风险评估依据企业制定的作业项目风险评估标准进行评估，风险等级一般分为 $1\sim 8$ 级。

（1）LEC 法。LEC 法是根据风险发生的可能性、暴露在生产环境下的频度、导致后果的严重性，针对静态风险所采取的一种风险评估方法。

$$D = LEC$$

风险值 D 的计算公式为

L 为发生事故的可能性大小。事故发生的可能性大小，当用概率来表示时，绝对不可能发生的事故概率为 0，而必然发生的事故概率为 1。然而，从系统安全角度考察，绝对不发生事故是不可能的，所以人为地将发生事故的可能性

极小的分数定为 0.1,而必然发生的事故分数定为 10,各种情况的分数如表 3-1
所示。

表 3-1　　　　　　　　　　　事故发生的可能性（L）

事故发生的可能性（发生的概率）	分数值
完全可能预料（100%可能）	10
相当可能（50%可能）	6
可能,但不经常（25%可能）	3
可能性小,完全意外（10%可能）	1
很不可能,可以设想（1%可能）	0.5
极不可能（小于1%可能）	0.1

E 为暴露于危险的频繁程度。人员出现在危险环境中的时间越多,则危
险性越大。将连续出现在危险环境的情况定为 10,非常罕见地出现在危险
环境中定为 0.5,介于两者之间的各种情况规定若干个中间值,如表 3-2
所示。

表 3-2　　　　　　　　　　　暴露于危险环境频度（E）

暴露频度	分数值
持续（每天多次）	10
频繁（每天一次）	6
有时（每天一次～每月一次）	3
较少（每月一次～每年一次）	2
很少（50 年一遇）	1
特少（100 年一遇）	0.5

C 为发生事故的严重性。事故所造成的人身伤害或电网损失的变化范围很
大,所以规定分数值为 1～100。将仅需要救护的伤害及可能造成设备或电网异
常运行的分数定为 1,可能造成特大人身、设备、电网事故的分数定为 100,
其他情况的数值定为 1～100 之间,如表 3-3 所示。

表 3-3 发生事故的严重性（C）

分数值	后果	
	人身	电网设备
100	可能造成特大人身死亡事故者	可能造成特大设备事故者；可能引起特大电网事故者
40	可能造成重大人身死亡事故者	可能造成重大设备事故者；可能引起重大电网事故者
15	可能造成一般人身死亡事故或多人重伤者	可能造成一般设备事故者；可能引起一般电网事故者
7	可能造成人员重伤事故或多人轻伤事故者	可能造成设备一类障碍者；可能造成电网一类障碍者
3	可能造成人员轻伤事故者	可能造成设备二类障碍者；可能造成电网二类障碍者
1	仅需要救护的伤害	可能造成设备或电网异常运行

风险值 D 计算出后，关键是如何确定风险级别的界限值，而这个界限值并不是长期固定不变。在不同时期，企业应根据其具体情况来确定风险级别的界限值。表 3-4 可作为确定风险程度的风险值界限的参考标准。

表 3-4 风险程度与风险值的对应关系

风险程度	风险值
重大风险	$D \geqslant 160$
较大风险	$70 \leqslant D < 160$
一般风险	$D < 70$

（2）PR 法。PR 法是根据风险发生的可能性、导致后果的严重性，针对动态风险所采取的一种风险评估方法。

P 值代表事故发生的可能性（possible），即在风险已经存在的前提下，发生事故的可能性。按照事故的发生率将 P 值分为四个等级，如表 3-5 所示。

表 3-5 可能性定性定量评估标准表（P）

级别	可能性	含义
4	几乎肯定发生	事故非常可能发生，发生概率在 50%以上
3	很可能发生	事故很可能发生，发生概率为 10%～50%
2	可能发生	事故可能发生，发生概率为 1%～10%
1	发生可能性很小	事故仅在例外情况下发生，发生概率在 1%以下

　　R 值代表后果严重性（result），即此风险导致事故发生之后，对人身、电网或设备造成的危害程度。根据《国家电网公司安全事故调查规程》的分类，将 R 值分为特大、重大、一般、轻微四个级别，如表 3-6 所示。

表 3-6　　　　　　　　　严重性定性定量评估标准表（R）

级别	后果	严重性	
		人身	电网设备
4	特大	可能造成重大及以上人身死亡事故者	可能造成重大及以上设备事故者；可能引起重大及以上电网事故者
3	重大	可能造成一般人身死亡事故或多人重伤者	可能造成一般设备事故者；可能引起一般电网事故者
2	一般	可能造成人员重伤事故或多人轻伤事故者	可能造成设备一、二类障碍者；可能造成电网一、二类障碍者
1	轻微	仅需要救护的伤害	可能造成设备或电网异常运行

　　将表 3-5 和表 3-6 中的可能性和严重性结合起来，得到用重大、较大、一般表示的风险水平描述，如图 3-1 所示。

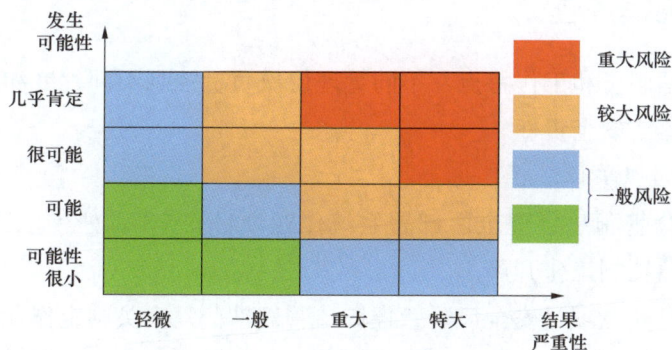

图 3-1　PR 法风险水平描述坐标图

　　（3）作业项目风险评估。作业项目风险评估是指针对某一类作业项目，综合考虑其技术难度、对电网的影响程度、发生事故的可能性和后果等因素，在对项目风险进行风险辨识后，依据评估标准划定作业项目的整体风险等级。

3. 风险预警

风险预警是指对可能发生人身伤害事故和由人员责任导致的电网和设备事故的作业安全风险实行安全预警。

风险预警实行分类、分级管理，形成以单位、专业室（中心）、班组为主体的风险预警管理体系。

较大及以上等级的检修、倒闸操作作业项目风险应形成作业风险预警通知单，经过审核、批准后，由项目主管职能部门发布。

专业室（中心）接到风险预警后，细化预控措施并布置落实。同时，专业室（中心）负责将落实情况反馈至主管职能部门。

4. 风险控制

风险控制是指采取预防或控制措施将风险降低到可接受的程度。

静态风险采用消除、隔离、防护、减弱等控制方法。动态风险利用作业安全风险控制措施卡、标准化作业指导书、工作票、操作票等安全组织及技术措施进行现场风险控制。

5. 检查与改进

风险管控实施动态闭环过程管理，实现作业风险管控的持续改进。

二、职责与分工

按照管理职责和工作特点，不同管理层次负责控制不同程度和类型的安全风险，逐级落实安全责任。

1. 省公司级单位

省公司分管副总经理全面部署系统作业项目安全风险控制工作，定期检查、指导风险控制工作开展。

安监部是作业项目安全风险管控归口管理部门，牵头制定作业项目安全风险辨识评估与控制管理制度，监督、指导开展作业项目安全风险控制工作。

相关部门按照"谁主管、谁负责"的原则，负责指导专业范围内的变电运行、变电检修、输电检修、配电检修和电网调度专业的作业安全风险辨识评估与控制相关工作，协调安全风险控制现场出现的安全及技术问题。

2. 地市公司级单位

地市公司分管领导批准重大风险作业项目的风险评估结果，落实解决资金来源，及时协调风险控制过程中出现的问题。

安监部是作业项目安全风险管控归口管理部门,制定单位作业项目安全风险辨识评估与控制管理制度;监督、指导作业项目安全风险辨识评估与控制工作;审核较大及以上作业项目的风险评估结果;监督风险预警控制措施的落实。

调控中心分析电网运行方式和系统稳定,明确电网运行方式存在的风险和电网风险控制措施等内容;监督、指导运维检修、营销和相关部门落实电网风险预控措施。

运维检修部门组织召开检修计划协调会,审查计划必要性、可行性和合理性;策划、落实检修、倒闸操作作业项目安全风险辨识评估与控制工作,审核较大及以上作业项目的风险评估结果;监督检查电网风险和检修、倒闸操作作业风险控制措施落实情况;协调现场风险控制过程中出现的问题。

基建部门审核较大及以上风险相关专业作业项目的风险评估结果,协调风险控制过程中出现的问题。

营销部门(客户服务中心)落实电网风险相关控制措施,协调风险控制过程中出现的问题,并将控制措施落实情况反馈给调控中心。

专业室(中心)开展作业项目安全风险辨识评估工作,审核一般及以上风险作业项目的风险评估结果;开展班组安全承载能力分析,组织实施作业项目安全风险控制,重点控制现场人身伤害、设备损坏、电网故障等风险,并反馈控制措施落实情况;负责年度、季度、月度、周检修计划的编制,检修任务的安排,现场勘察的组织,风险预警措施的落实。

3. 县公司级单位

县公司分管领导组织落实作业项目安全风险评估与控制工作,及时协调风险控制过程中出现的问题。

相关责任部门监督、指导作业项目安全风险辨识评估与控制工作;组织开展作业项目安全风险辨识评估工作,审核一般及以上风险作业项目的风险评估结果;监督风险预警控制措施落实。

专业室(中心)开展作业项目安全风险辨识评估工作;开展班组安全承载能力分析,组织实施作业项目安全风险控制,重点控制现场人身伤害、设备损坏、电网故障等风险,并反馈控制措施落实情况;负责年度、季度、月度、周检修计划的编制,检修任务的安排,现场勘察的组织,风险预警措施的落实。

4. 班组及相关人员

生产班组负责生产作业风险控制的执行，做好人员安排、任务分配、资源配置、安全交底、工作组织等风险管控。

工作票签发人、工作负责人、工作许可人、值班负责人、操作监护人等是生产作业风险管控现场安全和技术措施的把关人，负责风险管控措施的落实和监督。

作业人员是生产作业风险控制措施的现场执行人，应明确现场作业风险点，熟悉和掌握风险管控措施，避免人身伤害和人员责任事故的发生。

到岗到位人员负责监督检查方案、预案、措施的落实和执行，协调和指导生产作业风险管理的改进和提升。

三、作业组织与实施风险管控

地市公司级单位作业风险管控流程如图 3-2 所示。

1. 作业组织控制措施与要求

作业组织主要风险包括任务安排不合理、人员安排不合适、组织协调不力、资源配置不符合要求、方案措施不全面、安全教育不充分等。

风险管控的主要措施与要求：

（1）任务安排要严格执行月、周工作计划，系统考虑人、材、物的合理调配，综合分析时间与进度、质量、安全的关系，合理布置日工作任务，保证工作顺利完成。

（2）人员安排要开展班组承载力分析，合理安排作业力量。工作负责人胜任工作任务，作业人员技能符合工作需要，管理人员到岗到位。

（3）组织协调停电手续办理，落实动态风险预警措施，做好外协单位或其他配合单位的联系工作。

（4）资源调配满足现场工作需要，提供必要的设备材料、备品备件、车辆、机械、作业机具及安全工器具等。

（5）开展现场勘察，填写现场勘察单，明确需要停电的范围，保留的带电部位，作业现场的条件、环境及其他作业风险。

（6）方案制定科学严谨。根据现场勘察情况组织制定施工"三措"（组织措施、技术措施、安全措施）、作业指导书，要有针对性和可操作性。危险性、复杂性和困难程度较大的作业项目工作方案，应经本单位批准后结合现场实际执行。

（7）组织方案交底。组织工作负责人等关键岗位人员、作业人员（含外协人员）、相关管理人员进行交底，明确工作任务、作业范围、安全措施、技术措施、组织措施、作业风险及管控措施。

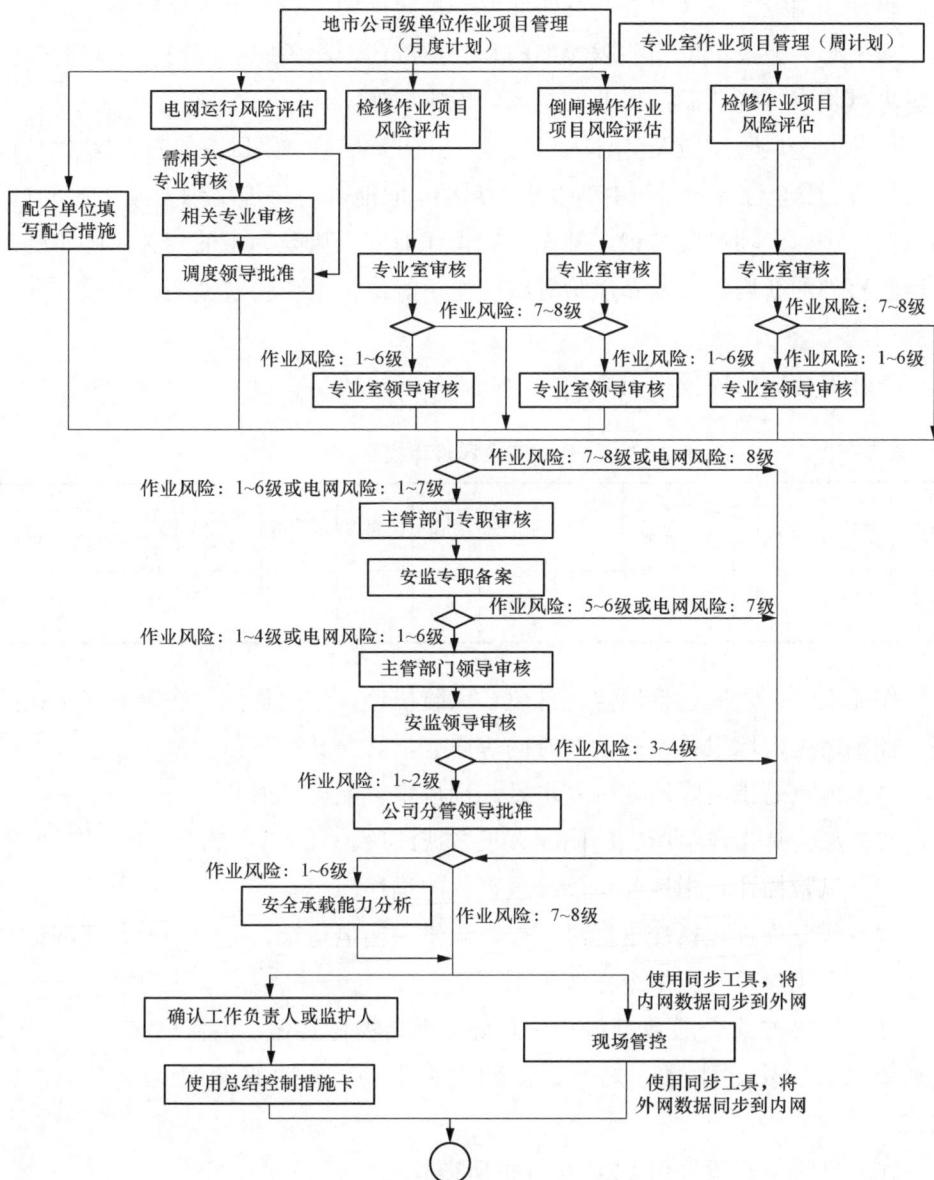

图 3-2 地市公司级单位作业风险管控流程

2. 作业安全风险库的建立与维护

生产班组负责根据《评估规范》，查找管辖范围内的危险因素，明确风险所在的地点和部位，对风险等级进行初评，形成风险事件并上报专业室（中心）。专业室（中心）负责对生产班组上报的风险事件进行审核、复评。一般、较大风险事件，由专业室（中心）在作业安全风险库中发布。重大风险事件，由专业室（中心）上报单位相关职能部门和安监部门，相关职能部门会同安监部门对重大风险审核确认后在作业安全风险库中发布。

作业安全风险库应及时导入日常安全生产和管理（如日常检查、专项检查、隐患排查、安全性评价等）中新发现的风险。职能部门每年组织专家，依据《评估规范》进行专项风险辨识，补充、完善作业安全风险库中的相关风险事件。对风险事件的新增、消除和风险等级的变更等维护工作仍遵循逐级审核、发布的原则。

作业安全风险库模板如表3-7所示。

表3-7 作业安全风险库模板

序号	地点	部位	风险描述	作业类别	伤害方式	可能性	频度	严重性	风险值	风险等级	控制措施	填报单位	发布时间

作业安全风险库包括地点、部位、风险描述、作业类别、伤害方式、风险值、控制措施、填报单位和发布时间等内容，其含义如下：

（1）地点是指风险所在的变电站、高压室、配电站或线路。

（2）部位是指风险所在的间隔、设备或线段。

（3）风险描述是指风险可能导致事故的描述。

（4）作业类别包括变电运维、变电检修、输电运检、电网调度、配网运检五种。一个风险可对应多个作业类别。

（5）伤害方式一般包括触电、高处坠落、物体打击、机械伤害、误操作、交通事故、火灾、中毒、灼伤、动物伤害十种。一个风险可对应多个伤害方式。

（6）风险值一般采用 LEC 法分析所得。

（7）控制措施是根据风险特点和专业管理实际所制定的技术措施或组织

措施。

（8）填报单位是上报并跟踪管理的单位或部门。

（9）发布时间是经审核批准后公开发布该风险的时间。

3. 作业项目风险等级评估

作业项目风险等级评估是指针对某一类作业项目，综合考虑其技术难度、对电网的影响程度、发生事故的可能性和后果等因素，在对项目风险进行风险辨识后，依据作业项目风险评估标准划定作业项目的整体风险等级。

运检部门负责根据月度计划创建作业项目并下达到调控中心、配合单位和检修、运行专业室（中心）。作业项目的创建原则是：一般以单条月度工作计划为一个作业项目；对于关联度较高的几条月度工作计划，可以合并成一个作业项目。

地市公司月度计划（周计划）均需进行电网风险评估。电网风险 8 级（1～29 分），由调控中心领导审核；电网风险 7 级（30～39 分），由主管部门专责审核；电网风险 1～6 级（40～100 分），由主管部门领导审核、公司领导批准。作业项目风险 7～8 级（1～39 分），专业室（中心）专责审核后直接执行；作业项目风险 5～6 级（40～59 分），主管部门专责审核后执行；作业项目风险 3～4 级（60～79 分），主管部门领导审核后执行；作业项目风险 1～2 级（80～100 分），公司领导批准后执行。

专业室（中心）内部计划无需进行电网风险评估。作业项目风险 7～8 级（1～39 分），专业室（中心）专责审核后直接执行；作业项目风险 5～6 级（40～59 分），主管部门专责审核后执行；作业项目风险 3～4 级（60～79 分），主管部门领导审核后执行；作业项目风险 1～2 级（80～100 分），公司领导批准后执行。

县级公司周计划均需进行电网风险评估。电网风险 8 级（1～29 分），由供电所领导审核；电网风险 1～7 级（30～100 分），由主管部门领导审核、公司领导批准。作业项目风险 7～8 级（1～39 分），供电所领导审核后直接执行；作业项目风险 5～6 级（40～59 分），主管部门专责审核后执行；作业项目风险 3～4 级（60～79 分），主管部门领导审核后执行；作业项目风险 1～2 级（80～100 分），公司领导批准后执行。

4. 现场实施主要风险及控制措施与要求

现场实施主要风险包括电气误操作、继电保护"三误"（误碰、误整定、误接线）、触电、高处坠落、机械伤害等。

现场实施风险的主要控制措施与要求如下：

（1）作业人员作业前经过交底并掌握方案。

（2）对于危险性、复杂性和困难程度较大的作业项目，作业前必须开展现场勘察，填写现场勘察单，明确工作内容、工作条件和注意事项。

（3）严格执行操作票制度。解锁操作应严格履行审批手续，并实行专人监护。接地线编号与操作票、工作票一致。

（4）工作许可人应根据工作票的要求在工作地点或带电设备四周设置遮栏（围栏），将停电设备与带电设备隔开，并悬挂安全警示标示牌。

（5）严格执行工作票制度，正确使用工作票、动火工作票、二次安全措施票和事故应急抢修单。

（6）组织召开开工会，交代工作内容、人员分工、带电部位和现场安全措施，告知危险点及防控措施。

（7）安全工器具、作业机具、施工机械检测合格，特种作业人员及特种设备操作人员持证上岗。

（8）对多专业配合的工作要明确总工作协调人，负责多班组各专业工作协调；复杂作业、交叉作业、危险地段、有触电危险等风险较大的工作要设立专责监护人员。

（9）操作接地是指改变电气设备状态的接地，由操作人员负责实施，严禁检修工作人员擅自移动或拆除。工作接地是指在操作接地实施后，在停电范围内的工作地点，对可能来电（含感应电）的设备端进行的保护性接地，由检修人员负责实施，并登录在工作票上。

（10）严格执行安全规程及现场安全监督，不走错间隔，不误登杆塔，不擅自扩大工作范围。

（11）全部工作完毕后，拆除临时接地线、个人保安接地线，恢复工作许可前设备状态。

（12）根据具体工作任务和风险度高低，相关生产现场领导和管理人员到岗到位。

5. 安全承载能力分析

作业项目负责人根据经审核、批准的作业项目风险评估结果开展班组安全承载能力分析。若安全承载能力无法满足作业项目风险等级，则及时调整人员安排和装备配置，直到安全承载能力与作业项目风险等级相匹配。

班组安全承载能力分析内容包括班组成员的技能等级、工作经验、安全积分，以及班组生产装备和安全工器具的匹配程度。

技能等级是依据个人所取得的员工安全技术等级确定，可与人员安全信息库中的数据匹配后自动生成。工作经验的分值由各单位依据员工实际情况定期发文公布，可与人员安全信息库中的数据匹配后自动生成。安全积分依据个人安全积分情况确定，可与人员安全信息库中的数据匹配后自动生成。

生产装备和安全工器具的匹配程度，需要评估人员按照实际情况进行评估。

作业项目风险等级与安全承载能力分析评估得分的要求是：1 级风险作业的评估得分必须大于 90 分；2 级风险作业的评估得分必须大于 85 分；3 级风险作业的评估得分必须大于 80 分；4 级风险作业的评估得分必须大于 75 分；5 级风险作业的评估得分必须大于 70 分；6 级风险作业的评估得分必须大于 65 分；7、8 级风险作业的评估得分必须大于 60 分。

6. **作业安全风险控制措施卡的使用**

作业安全风险控制措施卡（简称控制措施卡）使用的一般要求如下：

（1）在开展现场作业前，由工作负责人查看作业项目风险评估结果并打印控制措施卡，必要时可补充、完善控制措施卡中的安全风险和控制措施。

（2）依据控制措施卡对现场作业存在的风险进行控制。控制措施卡在使用过程中遇到现场风险因素变更时，工作负责人（或值长）应将变更的危险因素填入控制措施卡并制定、落实控制措施，必要时报请单位及相关职能部门批准后执行。

（3）及时总结控制措施卡执行情况。

7. **应急处置**

针对现场具体作业项目编制风险失控现场处置方案，现场应急处置方案范例见附录 B。组织作业人员学习并掌握现场处置方案。现场工作人员应定期接受培训，学会紧急救护法，会正确解脱电源、心肺复苏法、转移搬运伤员等。

第二节 作业安全风险辨识与控制

一、自动化主站作业安全风险辨识与控制

自动化运行、自动化机房、自动化主站电源系统、电力监控系统安全防护、自动化基础数据、自动化系统、备用调度系统、配电自动化、厂站监控系统、自动化现场工作等作业的安全风险辨识内容与典型控制措施分别如表 3-8～表 3-17 所示。

表 3-8 自动化运行作业安全风险辨识内容与典型控制措施

序号	辨识项目	辨识内容	典型控制措施
1	检修申请及工作票、操作票制度	自动化系统及设备无票工作，影响系统设备及人身安全	（1）执行自动化系统及设备检修申请和批复流程； （2）自动化系统及设备工作应严格履行工作票、操作票制度； （3）明确工作内容、操作步骤和影响范围； （4）严格执行监护和工作验收制度，定期开展监督检查； （5）严格按照检修批准的开工、竣工时间进行工作； （6）现场实际开工、完工时向自动化值班员汇报，如影响电网调度业务，自动化值班员须征得当值调控员同意后，做好相应安全措施后方可许可工作
2	运行监测	自动化系统和设备运行监测运行监视信号不全、不清，造成自动化系统故障不能及时发现和处理	（1）监视硬件设备的指示灯、电源、风扇等状态； （2）监视自动化系统服务器、重要工作站进程和应用发出的告警信息； （3）监视自动化系统服务器、重要工作站 CPU 负荷率、内存使用率、打开的文件个数、TCP 连接数、磁盘剩余空间、网络负载、重要进程和应用的运行状态等； （4）监视自动化系统机房的温度、湿度、消防报警、UPS 电源等信息； （5）监视数据库文件系统、表空间等信息； （6）监视自动化系统网络状态、端口信息等； （7）监视自动化通道/厂站运行状态等信息； （8）对各类异常，应通过声音、短信等方式及时告警，并对告警设备和程序定期进行检查，保证及时发出告警； （9）完善各类告警信号处理预案
3	值班与交接班	自动化系统运行值班不能及时发现故障，交接班内容不全面、运行情况交接不清，导致自动化故障不能及时处理	（1）制定自动化运行值班表； （2）制定规范的值班巡视内容，定时巡检，及时发现自动化系统运行的异常和故障； （3）交班和接班准备充分、交接内容全面、交接清楚；在处理自动化系统故障、进行重要测试或操作时，不得进行运行值班人员交接班； （4）正确完成数据封锁等操作并及时解除； （5）真实、完整、清楚记录自动化值班日志

序号	辨识项目	辨识内容	典型控制措施
4	自动化系统故障处理	故障分析不准确，故障处理未采取有效措施	（1）故障处理手续齐全，处理前后需向相关部门和人员通报； （2）监护人员必须到位监护； （3）按已准备好的操作手册或典型操作进行处理并得到监护人员确认； （4）做好故障处理记录，建立典型预案和预防措施
5	外来维护、开发技术人员	外来维护人员误操作、违规操作、超范围操作	（1）建立健全外来维护、开发人员管理制度； （2）外来人员在工作前，应明确工作内容、操作步骤、影响范围、安全措施、注意事项及验收方法，并经工作负责人确认； （3）工作负责人应向外来人员明确工作内容、现场情况、安全措施及注意事项； （4）监护人对外来人员进行全程监护，并进行逐项检查、记录，如有异常，监护人应立即制止； （5）加强对远程登录的管理，工程人员远程登录进行处理故障等工作需事先提出申请，得到双方有关管理人员的批准后方可工作； （6）采取有效的技术措施，防止非授权的远程登录； （7）第三方单位维护、开发访问系统前签署安全责任合同书或保密协议
6	自动化台账	无资料或资料不完整、不真实造成事故隐患或出现问题无据可查	（1）制定完善的资料管理制度； （2）有与实际运行设备相符、规范的图纸资料档案； （3）编写各项规章制度、应急预案及各类运维手册； （4）记录规范、真实、完整的值班日志、工作票、缺陷记录、检修申请单等，并实现电子化管理
7	备品备件	自动化系统主要运行设备必要的备品备件不齐全	（1）主要设备应配置足够数量的备品备件； （2）建立规范的备品备件清册和档案； （3）建立设备维保机制

表3-9　　自动化机房作业安全风险辨识内容与典型控制措施

序号	辨识项目	辨识内容	典型控制措施
1	机房环境	自动化机房的温度、湿度未达到规定要求，造成自动化设备损坏或停运，乱堆乱放杂物等	（1）应有机房环境监控系统，完成机房温湿度、烟、水及空调、电源系统等检测并自动报警； （2）定期检查机房温湿度，定期检查空调制冷设备运行状况和送风通道情况，适时调整空调温湿度设定值； （3）必要时配备移动式风扇； （4）机房应具有防静电设施，有条件的应备有新鲜空气补给设施； （5）机房不得堆放无关杂物
2	机房火警	自动化机房未配置火灾报警和消防设备，造成机房火灾报警不及时或灭火不及时	（1）按照相关消防规定，安装机房火灾报警设备； （2）配置足够数量的消防器材； （3）禁止易燃、易爆物品进入机房，及时清理机房内杂物； （4）至少配置一套防毒面具

续表

序号	辨识项目	辨识内容	典型控制措施
3	机房防水	自动化机房空调冷凝水处理不好，窗户防暴雨密封性不好，影响机房电源及设备安全	（1）检查空调冷凝水管包扎有无泄漏、排水是否通畅； （2）检查窗户防暴雨的密封性、窗户外雨水能否倒灌机房； （3）宜建立机房漏水监控，并定期检查
4	机房接地	自动化机房接地电阻不满足规范的要求，造成雷击损坏自动化设备、接地环网断接或接头松动	（1）定期检测自动化机房接地电阻，并提供测试报告； （2）定期检查接地环网情况及接头情况，必要时进行机柜和设备导通电阻测试
5	机房设备安装	设备安装不牢固、无规范标志，线缆、标签杂乱	（1）机房设备安装应牢固可靠，运行设备应有规范的标志牌； （2）连接各运行设备间的动力/信号电缆（线）应布线整齐，强弱电缆应分开布放，电缆（线）两端应有标志牌。
6	机房门禁系统	机房未安装门禁或相关出入控制措施不完善	机房安装门禁措施，并完善人员进出入机房管理制度，建立相关记录
7	机房设备供电	单电源供电，单台 UPS 系统故障或失电造成设备停运	（1）硬件设备采用双路 UPS 供电； （2）服务器等主设备自身需具备冗余电源； （3）对于不具备双电源供电的终端设备（如调控工作站、KVM、显示器等）应加装 STS 切换装置

表 3-10　自动化主站电源系统作业安全风险辨识内容与典型控制措施

序号	辨识项目	辨识内容	典型控制措施
1	UPS 进线电源	UPS 未采用来自两个不同进线电源供电，UPS 交流电源不能切换，导致自动化系统停电	（1）应配备专用 UPS 供电，不应与信息系统、通信系统共用电源； （2）UPS 由来自不同电源点的双路交流电源供电； （3）定期对 UPS 交流电源进行切换试验
2	UPS 运行维护	UPS 维护不到位，蓄电池组衰耗过大，交流电源停电后 UPS 不能正常运行，导致自动化系统失电	（1）应具备 UPS 供电方式示意图，并定期滚动修改； （2）每天巡视电源机房，检查 UPS 运行状况； （3）每天巡视电源机房，检查温度和湿度； （4）定期对 UPS 进行充放电试验，检查放电容量是否满足要求，对于性能不满足要求的蓄电池组进行更换； （5）定期巡视蓄电池，检查蓄电池表面是否有渗液和鼓包现象
3	UPS 工作负载	UPS 电源负载过重，导致交流电源停电后 UPS 不能保证供电时间，配电柜之间开关容量配置不合理造成越级跳闸	（1）定期检查 UPS 的负载大小，对不满足容量要求的电源及时扩容改造； （2）制定交流电源停电时负载切除次序，保证重要负载供电时间； （3）UPS 的供电变压器、配电开关容量满足要求，新增设备后需要复算配电柜总开关及上级开关容量是否匹配； （4）加强对临时接入负载监视并有相关措施
4	UPS 维护作业	无作业指导书和操作票开展工作，不熟悉现场开关情况，导致 UPS 意外停运，应急预案不具体、不具备可靠性	（1）制定详尽的作业指导书，考虑各类可能导致 UPS 无法正常工作的情况； （2）熟练掌握现场开关状态功能和使用规范； （3）对照作业指导书开展模拟操作； （4）建立健全 UPS 电源应急预案，定期开展培训和演练

表 3-11　　电力监控系统安全防护作业安全风险辨识内容与典型控制措施

序号	辨识项目	辨识内容	典型控制措施
1	安全分区	安全分区、安全隔离措施和检测手段不完备，造成自动化系统遭到外来攻击而瘫痪	（1）在Ⅰ、Ⅱ区纵向互联的网关节点上安装纵向加密装置，设置特定策略，防止病毒和黑客入侵； （2）在生产控制大区内部安装硬件防火墙进行横向互联防护，在生产控制大区与管理大区间安装正反向物理隔离装置进行横向互联防护； （3）在Ⅰ、Ⅱ区安装入侵监测系统（IDS）或入侵防护系统（IPS）； （4）及时记录网络报文和网络运行异常情况
2	纵向防护	调度数据网纵向未采用防护措施，如：调度数据网纵向未安装纵向加密装置；接入路由器未设置访问控制策略	（1）在调度数据网边界配置纵向安全防护设备； （2）在纵向安全防护设备中设置访问控制策略； （3）在接入路由器中设置访问控制策略
3	端口安全	未实施网络端口绑定，未关闭交换机未使用的端口，未贴封未使用的 USB 口，机柜未关闭和上锁，造成未经批准的设备在调度自动化系统上使用，导致系统服务器感染病毒	（1）实施网络端口绑定； （2）关闭交换机未使用的端口； （3）贴封未使用的 USB 口，采用安全管理软件禁用未授权的 USB 设备； （4）机柜关闭、上锁
4	移动介质安全	未按规定使用移动介质，未经防病毒软件检查就在调度自动化系统上使用，导致系统服务器感染病毒	（1）使用移动介质管理系统； （2）使用专用移动介质，禁止自带未经许可的移动介质在内网使用； （3）移动介质使用前进行病毒检查
5	防病毒软件	新安装或操作系统升级后未及时安装防病毒软件，病毒库未定期更新，未定期查杀病毒等；防病毒措施不到位，导致系统服务器感染病毒	（1）定期检查各系统（包括新系统）计算机防病毒软件运行情况； （2）定期更新病毒库； （3）定期分析入侵检测系统记录，防止恶意代码的攻击
6	权限管理	未做好权限、密码管理，造成自动化因此丢失数据或系统遇到不明人员使用而瘫痪	（1）各系统应有专人负责权限、密码管理； （2）使用强口令，定期更换密码； （3）系统无法增加弱口令用户； （4）安全Ⅰ区工作站使用无 root 模式登录
7	数据备份	未做好各类系统配置、源代码及运行数据备份与恢复管理，造成自动化数据丢失	（1）专人负责数据备份； （2）明确各自动化系统数据备份策略和时间； （3）规定备份磁盘（介质）存放地点； （4）定期进行恢复性试验，确保备份功能和备份数据的可用性
8	内网安全监视	不具备内网安全监视功能或未实现调控主站和直调厂站横向物理隔离装置、纵向加密认证装置、防火墙、入侵检测等安全防护设备接入	（1）建设内网安全监视平台； （2）接入相关设备，包括主站、厂站所有安全防护设备； （3）定期检查安全监视平台是否有设备离线、告警 并能及时分析和处理相应故障
9	安全等级保护测评及评估	未按要求定期开展电力监控系统安全等级保护测评和电力监控系统安全评估	按要求定期开展电力监控系统安全等级保护测评和电力监控系统安全评估

表 3-12　　自动化基础数据作业安全风险辨识内容与典型控制措施

序号	辨识项目	辨识内容	典型控制措施
1	设备入网	设备未经检测或未获得入网资格许可证书	（1）自动化设备的设备配置和选型应符合相关技术标准及选型要求； （2）自动化设备的采购应严格按照物资采购和招投标的有关规定进行； （3）入网运行的自动化设备，应通过具有国家认证认可资质的检测机构的检测并提供相应的检测报告
2	接入规范	厂站通信及自动化系统接入不规范，导致远动信息无法接入主站系统	（1）建立厂站通信及自动化系统接入规范； （2）严格把好设计审核关； （3）根据管理和技术要求及时更新； （4）根据自动化信息接入规范要求，规范厂站信息
3	接入验收	厂站通信及自动化系统验收把关不到位，影响日常信息接收正确率	（1）建立厂站通信及自动化系统验收标准； （2）参与系统验收； （3）在重大缺陷隐患整改完成前不安排启动工作
4	新设备启动与变更	电网新设备启动或变更，未及时增加或更新自动化画面和信息，造成调控运行人员不能及时、准确掌握电网运行信息	（1）按照新设备投运时间要求，及时调试、开通自动化信息传输通道； （2）增加或修改自动化系统画面和相应遥测、遥信、遥控、遥调参数信息，并得到调控验收确认； （3）设备投运前，进行自动化信息及相关参数信息的测试、核对； （4）现场 TA 变比调整，应有相关流程和通知单
5	参数库管理	未建立自动化系统参数库，参数不全，参数维护、备份不及时，造成自动化系统数据错误、电网运行误判断	（1）制定自动化系统参数维护流程和管理规定； （2）建立系统参数库； （3）及时维护、备份参数库
6	参数设定	调控主站及厂站自动化系统和设备参数设定错误，为调控或变电运行人员提供错误的运行信息，造成电网运行误判断	（1）核对参数信息表，设置模拟量系数、遥控点号及遥信相关定义； （2）核对后台机图、库定义的一致性，参数更改要及时记录； （3）新上间隔要及时进行图库定义、公式编辑及限值定义，并进行遥信传动试验、遥测加量试验及遥控试验
7	联动试验	参数设定后，应做试验的不按规定试验，或试验后二次回路、参数变动未及时恢复，造成自动化系统采集或控制数据错误	（1）试验仪器应定期校验，使用前检查； （2）试验项目应全面，尽可能从有效部位试验，无试验盲区； （3）工作前应精心准备，将试验步骤、试验方法、试验标准写入作业指导书，对试验数据进行详细记录和分析； （4）二次回路、参数变动时应详细记录，试验后应及时恢复并核查
8	厂站数据质量	各厂站上传数据的完整性、准确性、一致性、及时性和可靠性存在问题，造成电网运行误判断	（1）各厂站上传调控所需信息满足可观测要求； （2）上传信息符合各有关规程精度要求，特别是死区设定及设备参数辨识； （3）模型和参数统一管理、分级维护、关联存储； （4）为各类信息提供及时、同一时标数据； （5）确保系统和数据通信稳定、可靠； （6）按照国家电网公司《交流采样测量装置运行检验管理规程》，对设备进行相关检验

续表

序号	辨识项目	辨识内容	典型控制措施
9	数据采集及存储完整规范	主站系统采集及存储的远动数据不满足调控运行管理的需要	（1）制定规范、完整的监控信息表，包括厂站名、信号名、点号、制定人、执行人、执行日期等； （2）监控信息表需按流程进行流转审核； （3）严格按照信号规范采集、传送数据； （4）调试过程中，严禁随意更改信号，信号变更需进行申请，经过批准后方可修改； （5）执行后的监控信息表需及时归档留存； （6）按照调控要求进行数据采样和存储

表3-13 自动化系统作业安全风险辨识内容与典型控制措施

序号	辨识项目	辨识内容	典型控制措施
1	容量配置	自动化系统主要服务器CPU负载、内存剩余容量、硬盘剩余容量不满足标准要求、自动化系统数据丢失或系统部分功能运行不正常	定期检查 SCADA/EMS、WAMS、OMS、电量采集等系统服务器 CPU 负载、内存剩余容量、硬盘剩余容量、数据库空间、网络状态
2	双机冗余	自动化系统重要节点未实现双机冗余、双机不能正常切换	（1）自动化重要节点设备应按双机冗余配置； （2）定期对设备进行检查和切换试验，保证主备双机系统运行状况良好、切换正常
3	通道冗余	自动化信息未按双通道配置、双通道不能正常切换	（1）厂站至主站至少应具备两路独立路由的远动通道； （2）主站应具备通道监视画面，当有通道故障时可有明显的标识和提示； （3）通道故障时应及时启动检修流程
4	电网运行稳态监视功能维护	电网运行稳态监视功能维护不到位，功能有缺项或停运，导致电网调度控制运行监控不及时、不全面	（1）维护各项监视功能运行正常； （2）随电网网架的变化及时更新监视内容； （3）及时维护参数库数据； （4）建立自动化系统功能完善维护业务流程； （5）实现全网及分区低频低压减载、限电序位负荷容量的在线监视
5	变电站集中监控功能维护	变电站集中监控功能维护不到位，功能有缺项或停运，导致变电站监控不及时、不全面	（1）维护各项监视功能运行正常； （2）随电网网架的变化及时更新责任区、模型、光字牌等监视内容； （3）遥控命令应只能在监控员工作站的间隔图上进行； （4）及时维护参数库数据； （5）建立自动化系统功能完善维护业务流程
6	AGC、AVC维护	AGC、AVC 自动控制功能维护不到位，应用项有退出或功能不能满足要求，导致电网频率、电压控制错误	（1）维护 AGC、AVC 系统运行正常； （2）随电网的变化及时更新监视内容； （3）经调度许可后及时维护参数库数据； （4）实现全网旋转备用容量或 AGC 调节备用容量的在线监视； （5）实现机组一次调频投入情况的在线监视； （6）凡有 AVC 调整的变电站，在投运前应测试合格后方允许投入 AVC 控制

续表

序号	辨识项目	辨识内容	典型控制措施
7	状态估计维护	模型参数维护不及时，或数据采集异常，导致状态估计合格率低	（1）电网结构变化时，及时维护系统模型、参数； （2）保证调度控制系统数据采集的正确性，发现可疑数据时应及时进行确认处理； （3）检查状态估计覆盖率； （4）检查单次状态估计计算时间； （5）检查状态估计月可用率； （6）检查遥测估计合格率
8	调控员潮流维护	系统模型参数错误、数据采集不正确，导致调控员潮流计算结果错误	（1）电网结构变化时，及时维护系统模型、参数； （2）保证调度控制系统数据采集的正确性，发现可疑数据时应及时进行确认处理； （3）检查单次潮流计算时间； （4）检查调度员潮流计算结果误差； （5）检查调度员潮流月可用率
9	静态安全分析维护	系统模型参数错误、数据采集不正确，导致静态安全分析结果错误	（1）电网结构变化时，及时维护系统模型、参数； （2）检测静态安全分析功能的月可用率； （3）检测故障扫描平均处理时间
10	WAMS 系统维护	WAMS 子站布点不足，信息采集不全，或主站系统电网模型参数未及时维护更新，造成系统功能未能发挥	（1）定期检查 PMU 装置与 WAMS 主站通信状态； （2）核对、检查 WAMS 系统数据与 EMS 系统数据的一致性； （3）及时新增或更新 WAMS 系统网络模型、参数
11	在线安全预警维护	系统模型参数错误、数据采集不正确，导致在线安全预警功能异常	（1）电网结构变化时，及时维护系统模型、参数； （2）确保 WAMS 系统数据的可靠性和完整性； （3）检测暂态稳定分析与评估功能； （4）检测静态电压稳定性评估功能； （5）检测小干扰稳定评估功能； （6）检测基于安全域的稳定检测及可视化功能； （7）检测基于 WAMS 互联的分析及告警功能
12	DTS 系统维护	DTS 未实现与 EMS 系统的互联，或模型拼接有错误，导致 DTS 计算结果错误	（1）与调度控制系统的画面、参数要同步更新； （2）检测与调度控制系统的模型拼接情况； （3）检测网省或省地间的模型拼接情况
13	电量采集系统维护	未实现关口计量和电能考核点的数据采集与处理的完整性，造成计量缺失	（1）新增、变更关口计量点和电能考核点的维护； （2）检查通信双通道的运行情况； （3）检测上网电量、受电量、供电量、网损的准确性
14	数据网设备维护	数据网络设备的参数配置随意改变，造成网络中断	（1）各节点进行工作时，若影响到数据网络设备，必须提前 3 天向上级调度机构提出书面申请，经批复同意后方可进行工作； （2）加强数据网设备的运行管理，保证网络的正常运行
15	软件测试	系统功能软件升级或新应用软件测试时管理不到位，造成系统功能异常，影响电网安全	（1）系统功能软件升级或新加系统功能软件前，应制定软件测试方案，并充分论证； （2）现有系统功能软件升级时应先进行离线测试； （3）新加系统功能测试时应充分考虑新软件对原有系统的影响，尽量回避可能造成的重大影响，如系统 CPU 负载大幅增加等； （4）软件正式投运前，厂家应提出申请，得到相关专业同意后才能上线运行

续表

序号	辨识项目	辨识内容	典型控制措施
16	调控运行管理系统信息维护	自动化设备管理（包括各个系统主站、厂站设备台账等应用）、运行管理（运行日志、检修申请单、故障与缺陷处理流程、运行报表与指标统计等应用）等未及时维护，造成风险评估、EMS 应用出错	建立第一责任人制度，完善流程，保障台账信息及时更新
17	负荷预测维护	系统模型维护不正确、数据采集异常导致负荷预测结果错误或系统异常导致无法上报发送数据	（1）保证调度控制系统数据采集的正确性，发现可疑数据时应及时进行确认处理； （2）检查负荷预测合格率； （3）检查系统进程和网络状态是否正常
18	检修计划维护	检修计划功能不具备或不全面，流程无法正常流转	建立第一责任人制度，进行维护，保障功能的实现与完整
19	综合智能告警	一次及二次设备模型不完全、数据接入量不满足需求导致不能判断电网故障并准确推出事故画面，无法实现电网故障的在线诊断	（1）电网结构变化时，及时维护系统模型、参数； （2）保证调度控制系统数据采集的正确性及全面性，发现可疑数据时应及时进行确认处理； （3）检查用户权限、设备责任区划分是否正确
20	发电计划与安全校核	基础数据不准确、模型参数不完善，导致发电计划与安全校核异常	（1）保证调度控制系统数据采集的正确性及全面性，发现可疑数据时应及时进行确认处理； （2）电网结构变化时，及时维护系统模型、参数
21	自动化设备技术改造	未制定自动化设备改造规划和逐年改造计划或发现的隐患未列入改造计划	（1）按上级要求制定自动化设备改造规划和逐年改造计划，并经上级调控部门审核； （2）存在重大隐患的自动化设备应列入改造计划； （3）应按期完成改造计划； （4）编写技改工作年度总结报告

表 3-14　　备用调度系统作业安全风险辨识内容与典型控制措施

序号	辨识项目	辨识内容	典型控制措施
1	维护人员	配备不足，影响备调正常运作	（1）明确人员责任，分工明确并定期开展检查； （2）属地化维护和主调维护； （3）属地化人员到岗到位； （4）备调与主调定期轮换
2	数据同步	SCADA/AGC 数据、画面不能正常与主调同步	（1）主、备调同步维护； （2）定期跟踪、监视
3	系统维护	备用系统维护不到位，系统无法达到备用功能	（1）建立备调运行管理规定并有效执行； （2）及时维护备调系统模型参数及功能模块； （3）定期进行主备调切换演练
4	定期切换演练	未按规定要求定期进行主备调切换演练或演练未达到规定要求	（1）建立主备调定期切换演练机制； （2）定期切换演练方案、措施齐备； （3）定期切换演练手续齐备、记录完整

续表

序号	辨识项目	辨识内容	典型控制措施
5	备调信息更新及时性	更新不及时造成备调信息错误或导致电网事故及其他不良影响等	（1）健全备调运行维护制度并督促落实； （2）调控专业定期更新调控运行所需资料； （3）自动化专业定期更新相关的电网模型、参数； （4）通信专业根据调度对象变动情况及时更新调度电话相关信息； （5）系统、计划、继电保护、水电及新能源等专业定期更新本专业所需资料
6	备调安全防护	未安装安防设备导致备调遭受攻击，造成电网事故及其他不良影响等	（1）安装纵向加密、物理隔离防火墙等安防设备； （2）将安防设备接入内网监视平台，定期巡视

表 3-15　　配电自动化工作安全风险辨识内容与典型控制措施

序号	辨识项目	辨识内容	典型控制措施
1	基本功能维护	基本功能不完善、未能与其他系统交互应用	（1）实现数据采集与运行监控、模型/图形管理、馈线自动化、拓扑分析（拓扑着色、负荷转供、停电分析等）等功能； （2）建立接口，与调控自动化系统、GIS、PMS 等系统交互应用
2	双机、双网冗余	配电自动化系统重要节点未实现双机、双网冗余，双机不能正常切换	（1）自动化重要节点设备应按双机、双网冗余配置； （2）定期对设备进行检查和切换实验，保证主备双机系统运行状况良好、切换正常
3	安全防护	未根据安全分区原则将各模块进行分区，导致发生影响系统及电网安全的事故	（1）根据安全分区原则，将各功能模块分别置于控制区、非控制区和管理信息大区； （2）遵循相关要求，规范系统物理边界及安全部署； （3）对配电自动化系统的遥控操作按有关规定进行加密认证
4	配电自动化管理制度	未建立健全相关规章制度，导致事故发生	具有上级颁发和结合本单位实际制定的确保系统安全、稳定、可靠运行的管理规程、制度、规定、办法等（主要有配电自动化系统运行管理规程或规定、运行与维护岗位职责和工作规范、运行值班和交接班、机房管理、设备和功能停复役管理、检修管理、缺陷管理、安全管理、新设备移交运行管理等）
5	设备异动管理和红黑图机制	未按相关规定要求执行设备异动管理相关要求，无红黑图机制或未按规定执行红黑图机制	（1）明确调控机构和运检部门之间的职责分工； （2）严格按照红黑图流转机制行进模型管理； （3）配网电子图接线变更时，需按红黑图流程进行维护操作

表 3-16 厂站监控系统工作安全风险辨识内容与典型控制措施

序号	辨识项目	辨识内容	典型控制措施
1	测控装置功能	测控装置"四遥"功能验收不良,存在安全隐患:遥测偏差大、遥信不准确、遥调不动作、遥控存在误控漏控,逻辑"五防"功能存在漏洞	(1)遥测量分相、按大小额定值检查,确保精度、线性度满足指标要求; (2)遥信信号逐个核对,确保信号与实际相符; (3)遥控、遥调按间隔、分种类逐个检查,确保准确; (4)逻辑"五防"功能检查到位,采用自查互查抽查的方式,确保无遗漏
2	后台机功能	核查各类数据、画面信息不完整;遥信信号不全,软压板遥控功能不正确	(1)确保厂站内装置的任何异常信号都在后台有所反应; (2)智能变电站保护装置功能和出口软压板遥控至关重要,按间隔双人合作逐个检查保护装置功能软压板和出口软压板的投退正确性
3	电源配置	厂站远动装置、计算机监控系统、测控单元等自动化设备的供电电源未配备可靠的不间断电源或厂站内未采用直流电源供电	(1)参与新建、改造变电站设计审核,监控系统设备优先采用直流供电,不具备直流供电的设备应采用 UPS 电源供电; (2)对未使用站内直流且无不间断电源的厂站进行改造; (3)对电源负载过重,导致交流电源停电后 UPS 不能保证供电时间的厂站进行扩容改造; (4)并网交流二次设备应接入 UPS 供电
4	设备防雷、接地	自动化相关设备未加装防雷(强)电击装置,或未可靠接地	(1)自动化设备加装防雷(强)电击装置,且可靠接地; (2)定期进行接地电阻测试和防雷元件检查
5	时钟同步装置管理	厂站未配置统一的时间同步装置,对时装置天线安装不良	(1)变电站应建立时间同步机制,设置双机冗余的全站统一时钟装置; (2)变电站内时钟装置应支持北斗和 GPS 对时,并优先采用北斗对时; (3)变电站外 GPS 或北斗天线严格按照施工要求安装并加装防雷(强)电击装置,避免天气原因导致的对时系统异常; (4)全站二次设备应接入时钟同步装置授时
6	远动信号电缆抗干扰	远动信号电缆未采用屏蔽电缆,屏蔽层(线)未接地,信号接口处未加装防雷(强)电击装置	(1)基于串口通信的远动信号传输应采用屏蔽电缆,且屏蔽层接地; (2)基于串口通信的远动信号接口处加装防雷(强)电击装置; (3)远动信号应优先采用以太网传输
7	定值单规范	自动化定值单不规范、不齐全,导致现场参数设置错误	(1)规范自动化定值单内容,至少包括定值单编号、执行日期、设备名称、装置型号; (2)定值单人员签字应齐全
8	监控系统版本管理	监控系统装置软件版本不受控,因软件升级等造成误控,导致电网事故	(1)严格监控系统软件版本异动和受控管理; (2)定期核实自动化软件版本,及时安排版本升级; (3)规范程序投运流程
9	标签规范	网线、光纤、压板、把手标签缺失或不正确	(1)网线、光纤、压板、把手都应贴有明显的标签; (2)网线、光纤标签写清楚来源、去向; (3)压板标签写清楚功能; (4)把手标签写清楚对应的开关编号

续表

序号	辨识项目	辨识内容	典型控制措施
10	总控装置备份管理	总控装置备份无，或不及时导致后期完善功能时埋下隐患	（1）对每一个变电站存有至少两份总控装置备份； （2）检查总控备份为最新，避免后期修改造成部分功能缺失
11	光纤断链报警	光纤发生断链时不能及时报警，导致部分功能丧失而不知道	站内装置的每一根光纤被拔下都能在后台报相应的装置 GOOSE 或 SV 断链信号
12	自动化系统运行中事故防范	改造、检修、试验等工作中厂站端远动、自动化装置发生误整定、误接线、误碰、误操作，运维人员进行保护装置压板投退、把手切换等二次设备操作错误，因自动化设备原因引起的电网安全事故	（1）认真填写现场工作作业指导书（卡）； （2）按照压板操作履历表进行操作； （3）监护人认真核查遥控对象、性质选择； （4）根据自动化设备定值单设置测控、远动装置、当地监控系统参数； （5）参数整定后按规定试验； （6）做好遥控试验的安全措施

表 3-17 自动化现场工作安全风险辨识内容与典型控制措施

序号	辨识项目	辨识内容	典型控制措施
1	工作票（操作票）	无票工作（操作），安全措施不到位，造成设备损坏、系统运行异常	（1）自动化现场工作需严格执行工作票制度，履行工作许可手续后方可工作； （2）现场工作严格执行标准化作业指导书（卡）
2	监护作业	低压回路工作中无人监护，误碰其他带电设备，造成触电事故	（1）检修电源箱接取、拆卸电源时，与带电部位保持足够的安全距离； （2）使用绝缘合格的工具时，注意将工具裸露的金属部位进行绝缘处理； （3）接取的电源应具备漏电保安器； （4）低压电源的接取至少 2 人进行，必要时应设专人监护； （5）必要时采取可靠的防护隔离措施
3	系统故障	现场工作过程中系统发生故障，未查明原因继续工作，影响事故处理，造成事故扩大	（1）系统发生故障后，不管与自身工作是否相关均应中断工作； （2）待故障原因查明后方可继续工作
4	临时电源	现场临时电源管理不规范，造成触电事故	（1）应合理敷设临时电源线，避免与金属型材、金属线材交叉使用，否则应采取防护隔离措施； （2）临时电源线的外绝缘应良好，接地方式正确； （3）经过路面的临时电源线应有防止重物轧伤的措施； （4）电源容量、线径、线型、插座、熔断器的配置必须满足规范，杜绝安全隐患； （5）临时电源应使用漏电保护
5	电动工器具	电动工器具的使用不规范，电动工器具绝缘不合格，造成触电事故	（1）使用前检查电线绝缘是否完好； （2）使用时不准提着电动工器具的导线部分； （3）电动工器具的电线不准接触热体，不要放在潮湿地面上，并避免重物压在电线上； （4）使用电动工器具应与带电部位保持足够的安全距离； （5）工器具外壳按防护等级要求可靠接地

续表

序号	辨识项目	辨识内容	典型控制措施
6	标识牌管理	线缆未按规定设置标识牌，造成误碰、误拔，影响系统运行	线缆按要求设置相应标识牌，规范接线
7	动火施工	动火焊切时，防火措施不到位，引起火灾（或火情）	（1）施工前办理动火证； （2）周边防火措施到位； （3）熟悉灭火器的使用
8	现场设备检修	运行设备与检修设备没有设置隔离措施或明显标记，导致误动运行设备	（1）检修工作开展前，应对检修设备进行确认； （2）使用"运行中"和"在此工作"标识来区分检修设备与两边的运行设备

二、自动化厂站作业安全风险辨识与控制

自动化厂站作业安全风险辨识内容与典型控制措施见表 3－18。

表 3－18　　　自动化厂站作业安全风险辨识内容与典型控制措施

序号	辨识项目	辨识内容	典型控制措施
1	误整定	测控装置上定值整定设置错误	（1）设定前，由专人对参数进行分析核查； （2）未使用过的新设备请生产厂家进行培训，积极参与新设备现场调试工作； （3）当同一型号的测控装置设定值差别较大时，请专人分析核查； （4）仔细阅读说明书，正确设置偏移量、通信参数、遥控参数、信号参数等装置数据
		监控后台参数设定错误，如：模拟量系数设定错误造成数据不准确等	（1）认真核对参数信息表，根据不同设备类型设置模拟量系数； （2）设定人员应熟悉二次设备、接线及装置说明书； （3）未使用过的新设备请生产厂家进行培训，积极参与新设备现场调试工作； （4）参数设定后要进行核对
		测控装置的显示屏不清晰，面板按键、开关不灵活，如花屏、按键、卡涩等	（1）整定前注意对测控装置显示屏、按键、切换开关进行检查； （2）修改后进行认真核查
		参数整定后，未按规定试验，如：不试验、试验仪器功能不正常或精度不满足要求、试验方法、步骤及接线不合理，试验数据不准确等	（1）试验仪器应定期校验，使用前检查； （2）试验项目应全面，尽可能从有效部位试验，无试验盲区； （3）工作前应精心准备，将试验步骤、试验方法、试验标准写入作业指导书并严格执行，对试验数据进行详细记录分析
		试验时变动参数，如试验临时变动的定值未恢复等	变动参数时应详细记录，试验后应及时恢复并核查

续表

序号	辨识项目	辨识内容	典型控制措施
1	误整定	二次设备标识不规范，如自动化元件等名称、编号标识不清晰、不正确或不齐全	（1）二次设备备用连片、连线应拆除； （2）二次设备名称、编号标识与图纸、规程相符； （3）遥控出口压板、切换开关必须经过试验以保证其正确性和唯一性； （4）现场运行规程不得随意修编，尤其对发生变化的部分要认真核实，严把审核关，以保证现场运行规程的正确性和唯一性
2	自动化误接线	图纸管理不规范，图纸不正确	（1）工作前，组织有现场工作经验的负责人对图纸进行审核，将图纸审核工作责任落实到人； （2）对图纸若有疑问，及时与设计部门沟通； （3）运行、检修班组应有完整竣工图纸，并与现场设备相一致； （4）现场改动图纸应履行审批手续。现场工作应按图纸进行，严禁凭记忆工作。如发现图纸与实际接线不符时，应查线核对，如有问题，须查明原因，并按正确接线更正，然后记录修改理由和日期
		不按图施工	（1）严格按图纸施工，通过相关试验加以验证； （2）电缆使用应符合要求； （3）做好传动试验时，分别要在监控主站、后台及测控装置上进行监视并与一次设备实际动作情况进行核对
		工作人员技术水平不够、责任心不强	（1）工作负责人在接线过程中对工作人员进行监督，发现问题应及时纠正； （2）工作负责人利用班前会对工作班成员进行相关安全教育，将工作内容、工作分工、安全措施、危险点情况及工作的重要性对每一个工作班成员交代清楚，并得到工作班成员的确认； （3）加强对班组成员的技术培训，对于典型事例定期进行分析，提高班组成员的技术水平和业务能力
		测控装置误发或拒动，造成电网事故	自动化人员因试验需要临时拆除二次线，恢复时为防止发生遗漏及误恢复，必须有专人检查恢复接线情况，确保完整无误
		自动化装置直流回路接线不正确，如：直流空气开关配置不当或不满足逐级配合要求，直流回路存在寄生回路，拆除接线后恢复不正确等	（1）空气开关配置应进行负载校核，应满足逐级配合要求、有冗余度； （2）严防寄生回路存在，无用的备用连片、连线应及时拆除，并用拉直流电源来检查接线中有无异常，线缆备用芯头应用绝缘胶带缠绕起来； （3）自动化装置二次接线变动时，应进行相应的传动试验，必要时还应模拟各种故障进行整组传动试验
3	误碰	二次设备上工作时，使用不合格的工器具，如：清扫作业未使用绝缘工具，螺丝刀金属部分未缠绕绝缘胶带等	（1）工作前指定专人对工器具绝缘性能进行检查； （2）在清扫运行中的设备和二次回路时，应使用绝缘工具（毛刷、吹风设备等）对螺丝刀等金属部分采用缠绕绝缘胶带的措施； （3）做好工器具定期维护工作

序号	辨识项目	辨识内容	典型控制措施
3	误碰	现场运维人员所做安全措施不满足要求，如：试验设备上遥控出口压板未退出，切换把手没打在远方位置，检修压板未投入等	（1）工作许可人按要求在工作屏前后左右设立明确标志，在工作屏前后设置"在此工作！"标志牌； （2）工作前或复工前，工作负责人会同运维人员核对现场安全措施与工作票所列的安全措施是否一致； （3）必要时，工作许可人、工作负责人对工作现场的补充安全措施应在工作票中明确并现场交代； （4）作业前，作业人员应清楚一次设备运行情况、试验装置作用的设备、被试测控屏上的运行设备。同时核对图纸，仔细排查被试测控屏、端子箱与其他装置的连接线
		外来人员工作，如未进行安全措施交底、失去监护等	（1）工作前对外来工作人员进行安全知识教育、安全措施交底，工作中有专人监护，其工作活动范围必须在监护人的监护范围内； （2）工作结束应立即将其带出工作现场，严禁将临时工单独留在现场
		测控屏内进行高温或明火工作，不采取有效隔离措施，如焊接、气割、热缩、电钻工作等	（1）现场勘察，对测控屏内的焊接、气割、热缩使用电钻等工作，工作前采取有效隔离措施，防止影响运行电缆、端子排等设备的安全运行； （2）做好危险点分析，加强现场监护
		自动化人员作业方法不合理，如未做隔离措施、无人监护等	（1）对交流二次电压回路通电时，必须可靠断开至 TV 二次侧的回路，防止反充电； （2）TA 二次回路进行短路接线时，应用短路片或导线压接短路，运行中的 TA 短路后仍应有可靠的接地点，对短路后失去接地点的接线应有临时接地线，但在一个回路中禁止有两个接地点； （3）解除交流电流回路，必须保证 TA 二次无电流后（可采用钳型表测试，以保证 TA 二次无电流）方可进行； （4）在观察装置的电流采样值时，一定要记录 TA 短接前的值，并与短接后的值进行比较，特别是线路电流较小时，要逐项比较，仔细核对每一条回路； （5）实施安全措施时，应仔细核对图纸，每做一步都要认真核对，检查正确与否，绝不可凭感觉、凭经验进行自动化回路工作； （6）工作前，工作负责人对作业指导书中的安全措施、危险点、试验方法进行检查； （7）工作时需在二次回路上做安全措施以及工作结束后恢复安全措施时，应至少由两人进行，由工作班组成员操作，工作负责人监护
		工作结束后，不仔细清理工作现场	工作结束后，应仔细清理工作现场，清除事故隐患
		二次设备本身存在缺陷，如：二次设备标识不清晰，禁动按钮无明显标记，装置端子布置不合理等	（1）二次设备名称、编号、标志应正确、规范，二次线回路号、端子号应齐全、清晰，线号应采用双重编号，宜增加回路号； （2）端子布置时应将遥控正电端与跳闸端、合闸端、负电端尽可能远离； （3）对于正常运行时不允许操作的按钮，明确注明"运行中禁动"标识

续表

序号	辨识项目	辨识内容	典型控制措施
3	误碰	在二次设备附近从事其他工作，如：工作振动较大，通信干扰，电焊作业与一、二次设备距离过近等	（1）避免在运行的测控屏附近进行钻孔或进行任何有振动的工作，如要进行，则必须采取妥善防振措施或停用相关测控装置； （2）不宜在控制室内、运行中的 TV、TA 及其端子箱、开关端子箱附近进行电焊作业； （3）在二次设备附近工作与一次或二次设备应保持足够的安全距离，同时加强监护
		二次回路及设备测量时，万用表使用不当，造成直流接地、通信误发或遥控误动，如：万用表及其档位选择不当、测量错误、测量引线绝缘损坏等	（1）测量控制压板或其他直流回路前，应对万用表档位、量程进行检查； （2）应有专人监护
		工作中重要环节的操作失去监护、操作不规范，如：遥控压板，切换开关，交、直流空气开关，电流试验端子，触及交、直流回路无专人监护，试验接线后没有专人检查等	（1）对工作中重要环节设专人监护； （2）自动化人员不得随意扩大工作范围、增加工作内容，工作负责人对重要环节的操作进行检查，并监护； （3）试验接线后，应由专人复查
		重要工作现场措施不完善，人员安排不合理，如：工作前未现场勘查，未进行危险点分析，安全措施未落实，作业人员不清楚本次作业内容、作业范围、运行设备、危险点、相应安全措施，随意变更工作负责人等	（1）对大型工程、重要设备，特别是 220kV 综合自动化变电站的自动化检验，应提前进行现场勘查，制定详细的、经技术负责人审批的试验方案、"三措一案"及作业指导书，并认真组织学习； （2）合理安排工作，保证现场作业人员工作中的连续性，不得随意调离、变更工作负责人
		作业程序不规范，如：传动试验时自动化装置未恢复到完整状态，自动化装置试验后未恢复原状，未按程序作业等	（1）传动试验时，自动化装置尽可能恢复到完整状态； （2）正常工作流程为：实施安全措施→检查安全措施是否完备→校验及传动试验正确无误后→拆除试验设备，严禁触及设备→恢复安全措施→检查安全措施恢复正确后→工作负责人验收→清理现场→报完工
		在二次设备上工作，着装不规范，如工作服上有金属构件等	进入工作现场作业，应严格按照现场作业要求，规范着装
4	误操作	遥控点号设置错误	（1）认真核对参数表，保证遥控点号的正确性，定义后与现场进行遥控试验，确保定义无误； （2）进行图、库的定义后，由专人进行核查和监督
		遥控对象、性质选择错误，造成误操作	（1）进行遥控操作时，认真核对遥控对象、性质，防止误遥控； （2）每次进行遥控试验时，必须由两人进行，另一人监护，一人操作
		遥控试验的设备未采取闭锁	进行遥控试验时，认真核对图纸，采取闭锁措施或停电，防止误遥控

三、典型案例

【案例一】××公司因对其 UPS 电源分路输出开关备用容量考虑不到位，造成 UPS 电源室分配屏至自动化机房分配屏空气开关容量不能满足互相备用的要求，导致调度数据网路由器失电。

1. 事故类型：厂站工况退出

××公司在自动化机房新安装了 4 台调度数据网路由器，某日发生自动化机房一路 UPS 电源空气开关偷跳后，相关调度数据网等双电源设备负载均转移至另一路 UPS 电源供电，导致另一路电源负载接近满载。该电源在承载不到 0.5 小时后空气开关也跳闸，导致调度数据网路由器断电。

2. 暴露问题

（1）自动化专业在电源管理中存在对 UPS 电源分路输出开关备用容量考虑不到位，造成 UPS 电源室分配屏至自动化机房分配屏空气开关容量不能满足互相备用的要求。

（2）随着自动化新投设备均需接入 UPS 电源，造成负载不断提高，早年的配电系统容量不能适应系统发展的要求。

（3）自动化设备负载接入时没有开展负荷测算工作，造成实际负荷超过空气开关容量的规范要求。

（4）UPS 电源投入时 UPS 电源输出分路开关的状态未能接入运行监视系统，不能及时发现分路跳闸的现象，需要完善以满足 UPS 电源运行监视要求。

3. 防范对策

（1）认真执行《国家电网公司十八项电网重大反事故措施》及机房配置规范中对不间断电源的相关要求，理清通信、自动化供电界面。

（2）修编 UPS 电源运行管理制度、应急处置预案，定期演练，规范系统运行，防止类似异常再次发生；定期核对总容量及各分路容量是否满足 40%的余度。

（3）在后期 UPS 电源改造工作中，认真核算设备负荷，严格执行电源容量的规范要求。同时完善 UPS 电源上传至运行监视系统的相关空气开关信号和负荷数据，增强电源系统的运行监视手段。

（4）加强 UPS 电源安全隐患排查，重点检查电源相关负载、余量是否满足要求。

（5）对新设备接入电源开展负荷容量测算工作。

（6）开展电源系统日常值班巡视工作。

【案例二】××公司因测试方案论证不充分，导致试运行期间系统瘫痪。

1. 事故类型：**系统瘫痪**

××公司××调控中心新上一套调控管理系统，委托××公司开发完成，经过系统测试后投入试运行。在试运行 1 个月后，发现随着接入工作站数量的增加，工作站画面刷新速度越来越慢，系统运行效率越来越低。分析认为，系统访问数据库用到的中间件存在瓶颈，当连接工作站数量达到 45 个时就会出现阻塞，需要按队列顺序进行访问。系统随着接入工作站数量的增加，访问速度越来越慢，最终导致系统瘫痪。

2. 暴露问题

（1）系统测试方案侧重于功能测试，对于系统的性能测试往往不太重视。

（2）系统新应用软件测试时管理不到位，造成系统性能异常。

3. 防范对策

（1）功能软件升级或新加系统功能软件前，应制定软件详细可行的测试方案。测试方案既要保证系统功能完善又要保证系统性能指标达到设计要求，系统的测试方案应经充分论证。

（2）系统的性能测试应模拟系统最大容量情况进行，而不应该只是找几个点进行测试。如果条件允许，最好进行 1:1 测试。

【案例三】××公司因施工人员误将遥控端子作为遥信端子传动，造成带地线合隔离开关，导致变电站全停。

1. 事故类型：**变电站全停**

4 月 12 日 10 时 37 分，甲变电站 220kV "4 母线母差保护动作"、××二线 2212、××一线 2216 开关跳闸；10 时 38 分，220kV "5 母线母差保护动作"，××一线 2211、××线 2213、××二线 2217、××一线 2219、母联 2245 断路器跳闸。当时设备区有异常放电声，检查发现 2246－47－27、2246－4－6 隔离开关均在合闸位置。该站 4 月 11～13 日进行 2246 单元监控系统改造，11 日已将原 2246 测控屏拆除退出运行，并安装新 2246 测控屏。12 日施工人员进行监控装置的调试工作，10 时 37 分传动遥信时，误将遥控端子当作遥信端子依次进行传动，致使 2246 - 4 - 5 - 6 隔离开关控制回路分别接通，同时 2246 - 47、2246 - 27 机械强制闭锁月牙板与传动轴焊接强度不够，机构电机作用力使其开焊、闭锁失效，造成 2246 - 4、2246 - 5、2246 - 6 隔离开关带接地刀闸依次合入，引发 220kV 4 母线、5 母线相继故障，母差保护动作跳闸，全站失压。事故导致××电厂一台 300MW 机组解列，该站所带 220kV××站 2 号主变压器停运。负荷侧自投成功，未影响负荷。14 时 18 分，恢复正常运行。

2. 暴露问题

（1）施工人员在传动信号前，没有认真核对端子号，误将遥控端子作为遥信端子进行传动工作，工作中监护不到位。

（2）工作前对危险点分析不全面，施工人员对设备及回路缺乏深入细致的了解，安全措施中"隔离开关遥控传动前取下三相控制保险"不完善。应在开工前将该措施做完，防止施工人员在传动遥信时误碰造成事故。

（3）在监控系统二次回路上工作没有执行二次工作安全措施票，没有将断路器、隔离开关的控制回路端子挑开，做到万无一失。

（4）出厂时该型号隔离开关的机械闭锁月牙板与传动轴焊接强度不够，没有起到强制闭锁的作用。

（5）施工现场作业指导书不完善，没有在作业指导书中明确与工作有关的二次回路名称和端子牌号，作业指导书的执行流于形式。

3. 防止对策

（1）加强基建扩建工程现场管理，做好危险点分析和施工现场作业指导书，特别是二次系统上的工作应在作业指导书中明确与工作有关的二次回路名称和端子牌号，使作业指导书更具针对性和操作性。

（2）健全并完善自动装置二次工作安全措施票。

【案例四】××公司遥控点号定义错误导致控合成功、控分失败。

1. 事故类型：遥控点号定义错误

某 500kV ××变电站共有 59 个遥控需转发省调主站。站内远动转发表序号从 1 开始至 59 结束，即对应省调遥控库是从 0 开始至 58 结束。由于 220kV 以上的断路器同时具有"无压合闸"与"同期合闸"两个遥控号，厂家整理遥控转发表时是按照每个断路器占用两个遥控点号进行转发的。对 35kV 断路器没有"无压"和"同期"的区别，故每个 35kV 断路器都有留有一个备用的遥控点号。

×年×月×日，500kV ××变电站进行全站遥控试验。由于 500kV ××变电站需遥控断路器当前位置都处于合闸位置，主站将所有需遥控断路器封锁为分闸位置进行遥控合闸操作。全站遥控试验中，所有测控装置均能接收到主站遥控命令，未发现问题。之后，500kV ××变电站 8 台低压电抗器为接入 AVC 系统，分别进行合闸和分闸遥控试验。核对过程中发现 2 号主变压器 1 号低压电抗器 321 断路器在遥控合闸时，能够接收到 CO+的动作报文，但在遥控分闸时，接收到系统报错信息，与其他 7 个测控装置不符。

2. 暴露问题

（1）变电站监控信息接入调度控制系统验收前，现场没有对主站下发的信息点表和厂家提供的信息点表进行核对，没有确保二者对应无误或者完全一致，从而导致遥控操作失败。

（2）变电站监控信息接入调度控制系统遥控验收时，没有对测控装置分别进行合闸和分闸遥控试验，只是进行遥控预置，采取测控读报文的验证方式，无法保证遥控的可靠性。

3. 防范对策

（1）针对一个测控装置对应多个遥控点号的情况，遥控试验时对合位断路器控合、分位断路器控分时，仅验证了主站下发遥控点号对应现场测控装置，但主站下发遥控点号与现场测控装置具体遥控点号是否对应未充分验证，所以今后应对测控装置分别进行分、合闸实验。

（2）对于测控装置的备用遥控点号，应尽量避免配置其具备遥控功能或避免配置其对应实际设备，尽量不影响遥控试验。

（3）需加强变电站监控信息版本管理，包括主站和现场以及备用点号。对涉及监控信息变更的工作，应在工作结束前对监控信息新旧版本进行核对，保证监控信息变更工作的正确性。

【案例五】220kV××变电站调试终端违规访问被纵密拦截告警

1. 事故类型：违规访问

××公司在现场开展 220kV××变电站行波测距装置接入数据网工作时，地调接入网Ⅱ区纵向加密装置告警。

告警内容：××变地调接入网Ⅱ区数据网地址 **.**.147.200 访问

119.147.146.89 的 TCP80、8340、5355 等端口以及 122.193.207.34 的 TCP80 端口。

告警源地址**.**.147.200 为行波测距装置的数据网地址。行波测距装置的型号为 HPR－7003，操作系统为 Ubuntu，装置采用以太网 103 规约和调度后台进行通信。告警目的地址 122.193.207.34 关联域名为 rq.optimize.cloud.duba.net，119.147.146.89 关联域名为 ct.duba.net，都是 duba.net 的子域名。通过公安备案网（http：//www.beian.gov.cn）查询主域名 duba.net 关联的公司，确认域名对应的开办者为金山网络（北京猎豹移动科技有限公司）。告警发生现场为了测试链路连通性，厂家人员曾短暂连入专用调试笔记本。

经过分析发现，由于专用调试笔记本安装了 WPS Office 软件，软件的 wpscloudsvr.exe 进程试图访问 119.147.146.89、122.193.207.34 等 IP 地址的 TCP80 等端口，造成了告警。

2．暴露问题

（1）专用调试笔记本未删除不必要软件、未关闭不需要的端口。

（2）变电站现场检修工作未使用移动堡垒机。

（3）数据网交换机 MAC 地址未绑定，危险端口未禁用。

3．防范对策

（1）加强对电力监控系统专用调试笔记本的管理，删除不必要软件，关闭不需要的端口，防止在调试过程中出现无效的网络访问。

（2）推进变电站运维移动堡垒机的应用，加强现场调试人员的网络安全技术培训，提高网络安全意识，进一步提升变电站电力监控系统运维管控水平。

（3）严格按照规范做好数据网交换机加固。

第四章

隐 患 排 查 治 理

第一节 概　　述

安全隐患排查治理是企业管理的重要内容，依据《国家电网有限公司安全隐患排查治理管理办法》（安监一〔2022〕5号），按照"安全第一、预防为主、综合治理"的方针，坚持"谁主管、随负责"和"全面排查、分级管理、闭环管控"的原则，明确责任主体，落实职责分工，实行分级分类管理，做好全过程闭环管控。

一、定义与分级

安全隐患是指在生产经营活动中，违反国家和电力行业安全生产法律法规、规程标准以及国家电网公司安全生产规章制度，或因其他因素可能导致安全事故（事件）发生的物的不安全状态、人的不安全行为、作业环境不良和安全管理方面的缺失等。

根据可能造成的事故后果，安全隐患分为重大隐患、较大隐患、一般隐患、较小隐患四个等级。

（1）重大隐患主要包括可能导致以下后果的安全隐患：

1）一至二级电网、设备事件；

2）一至四级人身事件；

3）水电站大坝溃决事件；

4）特大或重大火灾事故；

5）特大交通事故。

（2）较大隐患主要包括可能导致以下后果的安全隐患：

1）三至四级电网、设备事件；

2）五至六级人身事件；

3）五级信息系统事件；

4）水电站大坝漫坝事件；

5）较大或一般火灾事故；

6）重大交通事故；

7）安全管理隐患：违反国家、行业安全生产法律法规的管理问题。

（3）一般隐患主要包括可能导致以下后果的安全隐患：

1）五至六级电网、设备事件；

2）七至八级人身事件；

3）六至七级信息系统事件；

4）一般交通事故；

5）安全管理隐患：违反省级地方性安全生产法规和公司安全生产管理规定的管理问题；

6）其他对社会及公司造成较大影响的事件。

（4）较小隐患主要包括可能导致以下后果的安全隐患：

1）七至八级电网、设备事件；

2）八级信息系统事件；

3）轻微交通事故；

4）安全管理隐患：违反省公司级单位安全生产管理规定的管理问题。

根据隐患产生原因和导致事故（事件）类型，隐患分为人身安全隐患、系统运行安全隐患、设备安全隐患、网络安全隐患、消防安全隐患、大坝安全隐患、安全管理隐患和其他安全隐患八类。

二、职责分工

（1）各单位是安全隐患排查、治理和防控的责任主体，各单位主要负责人对本单位隐患排查治理工作负全面领导责任，分管负责人对分管业务范围内的隐患排查治理工作负直接领导责任。

（2）各级安全生产委员会是本单位安全隐患排查治理工作的领导机构，负责建立健全安全隐患排查治理规章制度，组织实施隐患排查治理工作，协调解决工作中存在的重大问题，保障隐患排查治理人员、资金和物资需求。

（3）各级安委办是本单位安全隐患排查治理工作的领导机构办公室，负责安全隐患排查治理工作的综合协调和监督管理，组织和督促安委会成员单位编制、修订隐患排查标准，对隐患排查治理工作进行监督、检查、评价、考核。

（4）各级调度机构是本专业隐患排查治理的归口管理部门，按照"管业务必须管安全"的原则，负责本专业隐患标准编制、排查组织、评估认定、治理实施、检查验收和业务指导工作；各级运检、财务、物资等部门负责安全隐患治理所需的项目、资金、物资等投入保障。

（5）各级从业人员负责管辖范围内安全隐患的排查、登记、报告，实施整改治理，并根据职责分工，定期报送隐患信息。

（6）对于生产经营项目或工程项目发包、场所出租等业务，各级单位应与承包、承租单位签订安全管理协议，并在协议中明确各方对安全隐患排查、治理和管控的管理职责，按照"谁发包谁负责、谁出租谁负责"的原则，对承包、承租单位的隐患排查治理负有统一协调和监督管理责任。

第二节　隐患标准及隐患排查

一、隐患标准

（1）国家电网公司总部以及省、市公司级单位应分层分级建立隐患排查标准，明确排查对象、排查方法和判定依据等内容，指导从业人员及时发现和准确判定安全隐患。

（2）隐患排查标准编制应对照安全生产法律法规和规章制度，结合国家电网公司反事故措施和安全事故（事件）暴露的典型问题，分专业编制重大、较大、一般、较小隐患排查标准，确保重点突出、描述准确、依法合规。

（3）隐患排查标准编制应坚持"谁主管、谁编制""分级编制、逐级审查"的原则，各级安委办负责制定隐患排查标准编制规范，各级专业部门负责本专业排查标准编制，并对下级单位编制的排查标准组织审查。

1）国家电网公司总部应编制重大和较大隐患排查标准，对一般隐患排查标准进行审查。

2）省公司级单位应参考国家电网公司重大和较大隐患排查标准，编制一般隐患排查标准，对较小隐患排查标准进行审查。

3）地市公司级单位应参照上级重大、较大、一般隐患排查标准，编制较小隐患排查标准。

（4）各专业隐患排查标准编制完成后，由本单位安委办负责汇总、组织审查。经本单位安委会批准后，以正式文件发布。

（5）各单位应将隐患排查标准培训纳入安全教育培训计划，开展全员培训，指导员工准确掌握隐患排查内容及排查方法，提高全员隐患排查发现能力。

（6）隐患排查标准实行动态管理，各级单位应定期对隐患排查标准的针对性、有效性进行评估，结合安全生产法律法规或规章制度"立改废释"，以及安全事故（事件）暴露的问题滚动修订，每年一季度前发布一次。

二、隐患排查

（1）各单位应在每年6月底前对照隐患排查标准，组织开展一次涵盖安全生产各领域、各专业、各环节的安全隐患全面排查。各级专业部门应加强本专业隐患排查工作指导。针对专业性较强、复杂程度较高的安全隐患，必要时组织专业技术人员或专家开展诊断分析。

（2）针对排查发现的安全隐患，隐患所在车间及班组应依据排查标准进行初步评估定级，利用公司安全隐患管理信息系统建立档案，形成本车间、班组安全隐患数据库，并汇总上报至相关专业部门开展评估认定。

（3）各级相关专业部门收到安全隐患报送信息后，应对照隐患排查标准，对安全隐患排查的全面性、定级的准确性进行专业审查，对存在的问题督促整改，形成本专业年度安全隐患数据库。

（4）各级安委办对各专业年度安全隐患数据库进行汇总、复核，报本单位安委会会议审议，对本级单位可以评估认定的安全隐患审核后反馈至隐患所在单位，对需要上级单位评估认定的安全隐患报上级安委办。

1）市公司级单位安委会审议基层单位和本级排查发现的安全隐患，对一般和较小隐患认定后反馈至隐患所在单位，对较大及以上隐患报上级安委办。

2）省公司级单位安委会审议地市公司级单位和本级排查发现的安全隐患，对较大隐患认定后反馈至隐患所在单位，对重大隐患报国家电网公司总部审核认定。

3）国家电网公司总部安委会审议省公司级单位和本级排查发现的安全隐患，对重大隐患认定后反馈至隐患所在单位。

4）各级单位应对照上级审核反馈和本级安全隐患，分层分级建立本单位年度安全隐患清单。

（5）针对国家、行业及地方政府部署开展的安全生产专项行动，各单位应在国家电网公司隐患排查标准的基础上，补充相关排查条款，开展针对性排查治理工作。

（6）针对国家电网公司系统事故（事件）暴露的典型问题，上级单位应及时发布警示信息，组织所属单位举一反三开展事故类比排查，滚动更新安全隐患清单。

第三节　隐患治理及重大隐患管理

一、隐患治理

（1）隐患一经确定，隐患所在单位应立即采取防止隐患发展的安全控制措施，并根据隐患具体情况和紧急程度制定治理计划，逐项明确治理单位、责任人及完成时限，做到责任、措施、资金、期限和应急预案"五落实"。

（2）各级专业部门负责组织制定本专业隐患治理方案或措施，较大及以上隐患由省公司级单位组织制定治理方案，一般隐患由市公司级单位组织制定治理方案或治理措施，较小隐患由县公司级单位制定治理措施。

（3）各级安委办负责本单位隐患治理工作综合协调，对需要多专业协同治理的安全隐患，必要时召开安委会会议明确治理责任、措施和资金。

（4）各级单位应建立隐患治理协调联动机制，对超出本单位治理能力的安全隐患，及时报送上级单位协调处理；对需要地方政府部门协调解决的安全隐患，及时报告政府有关部门协调治理。

（5）各级单位应将隐患治理作为项目储备的重要依据，统一纳入综合计划和预算优先安排。国家电网公司总部及省、地市公司级单位应建立隐患治理绿色通道，对计划和预算外但急需实施治理的隐患，及时调剂和保障所需资金和物资。

（6）重大隐患治理完成前或治理过程中无法保证安全的，应从危险区域内撤出相关人员，设置警戒标志，暂时停工停产或停止使用相关设备设施，治理完成并验收合格后方可恢复生产和使用。

（7）隐患所在单位应将隐患治理任务纳入年度安全生产工作重点，结合电网技改大修、检修运维、规章制度"立改废释"等及时开展治理，各专业部门应加强专业指导和督导检查，按期实现治理销号。

（8）各级安委会应开展隐患治理挂牌督办，按照隐患等级越高、督办力度越大的原则，国家电网公司总部挂牌督办重大隐患，省公司级单位挂牌督办较大隐患，市公司级单位挂牌督办治理难度大、治理周期长的一般隐患。

（9）隐患治理完成后，隐患整改单位在自验合格的基础上提出验收申请，相关专业部门应在申请提出后一周内完成验收，验收合格予以销号备案，不合格重新组织治理，结果向本级单位安委办备案。

1）较小隐患治理结果由县公司级单位组织验收。

2）一般隐患治理结果由地市公司级单位组织验收。

3）较大及以上隐患治理结果由省公司级单位组织验收，重大隐患治理应有书面验收报告。

4）涉及国家、行业监管部门、地方政府挂牌督办的重大隐患，在治理工作结束后，应及时将有关情况报告相关政府部门。

（10）各级安委办应会同专业部门每年开展一次隐患排查治理工作总结，针对共性问题和突出隐患深入分析隐患成因，健全完善"从根本上消除事故隐患"的制度措施和保障机制。

（11）各级单位应运用安全隐患管理信息系统，实现隐患排查治理工作全过程记录和"一患一档"管理。隐患档案应包括隐患简题、隐患内容、隐患编号、隐患所在单位、专业分类、归属部门、评估定级、治理期限、治理完成情况等信息。隐患排查治理过程中形成的会议纪要、正式文件、治理方案、应急预案、验收报告等应归入隐患档案。

（12）各级单位应将隐患排查治理情况如实记录，并通过信息公示栏等方式向从业人员通报。各级单位应在月度安全生产会议上通报本单位隐患排查治理情况，各班组应在安全日活动上通报本班组隐患排查治理情况。

（13）各级安委办应定期对本单位隐患排查治理情况开展统计分析，各省公司级单位每月 5 日前通过安全隐患管理信息系统向国家电网公司总部报送上月度隐患排查治理情况，次年 1 月 5 日前通过公文报送上年度隐患排查治理工作总结。

（14）各级安委办按规定向国家能源局及其派出机构、地方政府有关部门报告安全隐患统计信息和工作总结。各级单位应做好沟通协调，确保隐患排查治理报送数据的准确性和一致性。

二、重大隐患管理

（1）实行重大隐患即时报告制度，各单位自评估为重大隐患的，应于 5 个工作日内报总部相关专业部门认定，确认为重大隐患的及时向国网安委办报备，并向所在地区政府安全监管部门和电力安全监管机构报告。

（2）重大隐患报告内容应包括隐患的现状及其产生原因、隐患的危害程度和整改难易程度分析、隐患治理方案。

（3）应制定重大隐患治理方案，重大隐患治理方案应包括治理目标和任务、采取方法和措施、经费和物资落实、负责治理的机构和人员、治理时限和要求、防止隐患进一步发展的安全措施和应急预案等。

（4）重大隐患治理应执行"两单一表"（即签发督办单、制定管控表、上报反馈单）制度，实现闭环监管。

1）签发安全督办单。国网安委办获知或直接发现所属单位存在重大隐患的，由安委办主任或副主任签发安全督办单，对省公司级单位整改工作进行全程督导。

2）制定过程管控表。省公司级单位在接到督办单 10 日内，编制安全整改过程管控表，明确整改措施、责任单位（部门）和计划节点，由安委会主任签字、盖章后报国网安委办备案，国网安委办按照计划节点进行督导。

3）上报整改反馈单。省公司级单位完成整改后 5 日内，填写安全整改反馈单，并附佐证材料，由安委会主任签字、盖章后报国网安委办备案。

（5）各级单位重大隐患排查治理情况应及时向政府负有安全生产监督管理职责的部门和本单位职工大会或职工代表大会报告。

第四节　隐患排查治理案例

【案例一】二次设备在线监视系统应用服务器存在漏洞

1. 隐患排查（发现）

2021 年×月×日，××供电公司自动化值班员在对自动化机房服务器进行漏洞扫描时发现二次设备在线监视系统应用服务器（IP 为×.×.×.×）存在

openssh 安全漏洞，存在系统被非法入侵和敏感信息泄露的风险，不满足《国家电网公司网络与信息系统安全管理办法》（国网（信息/2）401—2018）中第十四条"在网络与信息系统研发阶段，应确保生产环境与开发测试环境的物理隔离，采用的开发平台、开发工具、第三方软件及服务应符合公司统一要求，编写的代码应规范、安全"的要求。若不及时处理，攻击者可能利用此漏洞获取敏感信息，为其进一步攻击创造有利条件，导致数据（网页）遭篡改、假冒、泄露或窃取的事件发生。

按照《国家电网公司事故调查规程》（2020 版）第 4.3.8.14（3）的规定，"数据泄露、丢失或被盗取、篡改，对公司安全生产产生一定影响"构成八级设备事件。根据《国家电网公司安全隐患排查治理管理办法》的规定，八级设备事件定性为安全事件。

2. 隐患评估

隐患所在单位预评估其为安全事件隐患，并在 1 周内完成专业评估及主管领导审定，最终评估并认定为安全事件隐患，并在确定后 10 天内反馈处理意见。

3. 隐患治理

隐患所在单位根据反馈意见计划在 10 天内完成治理，并同步制定以下防控措施：

（1）在隐患消除前，立即封停此 IP 地址，禁止访问。

（2）针对此漏洞，下载漏洞补丁并安排计划，落实整改措施。

（3）补丁安装完之后重新对此地址进行漏洞扫描，确认高危漏洞已整改完成。

2021 年×月×日，××供电公司自动化人员完成对二次设备在线监视系统应用服务器（IP 为×.×.×.×）各类安全补丁的安装，完成所有高危漏洞的修补。对相关人员进行信息安全宣贯，明确今后信息系统在开发、应用过程中的信息安全要求。治理完成后，满足信息系统安全运行要求，申请对该隐患治理完成情况进行验收。

4. 验收销号

在隐患所在单位完成治理后，2021 年×月×日，经××供电公司自动化人员对在线监视系统应用服务器存在漏洞的安全隐患（2021001×号隐患）进行现场验收，治理方案各项措施已按要求实施，治理完成情况属实，满足安全（生产）运行要求，验收合格，治理措施已按要求实施，该隐患已消除。

【案例二】220kV××变电站××线有功数值有误，存在保护装置误动作或失去线路主保护

1. 隐患排查（发现）

2021 年×月×日，××供电公司自动化值班员在日常巡视中，发现220kV××变××线有功数值与对侧电厂的有功数值存在偏差，经现场排查为TA 绕组二次侧开路，存在 TA 烧坏、线路保护和母线保护误跳或失去保护功能的安全隐患。不满足《国家电网公司电力安全工作规程　变电部分》13.13 a）"禁止将电流互感器二次侧开路（光电流互感器除外）。"的要求，若长时间 TA 开路不及时处理，会使 TA 烧坏，将会造成 220kV××变××线线路保护和220kV 母线保护误跳闸或失去主保护运行的安全隐患。

按照《国家电网有限公司事故调查规程》（2020 版）第 4.2.6.7（3）的规定，"220kV 以上线路、母线或变压器失去主保护。"构成六级电网事件。根据《国家电网公司安全隐患排查治理管理办法》的规定，六级电网事件定性为一般隐患。

2. 隐患评估

隐患所在单位预评估其为一般隐患，并在 1 周内完成专业评估及主管领导审定，最终评估并认定为一般隐患，并在确定后 15 天内反馈处理意见。

3. 隐患治理

隐患所在单位根据反馈意见，计划在 7 天内完成治理，并同步制定以下防控措施：

（1）加强线路遥测数据及母线不平衡的日常巡视监控，及时排查异常数据。

（2）加强现场设备出厂功能验收、工程验收的管控力度。

（3）加强技术力量储备及备品备件储备，及时检修或更换故障设备。

2021 年×月×日，完成 220kV××变电站××线计量回路接线盒的更换及TA 二次接线端子的紧固，治理完成后满足该设备安全运行条件，申请对该隐患治理完成情况进行验收。

4. 验收销号

隐患所在单位完成治理后，2021 年×月×日，经××供电公司安监部对该隐患（2021007×号隐患）治理情况进行现场验收，治理方案各项措施已按要求实施，治理完成情况属实，满足安全运行要求，该隐患已消除。

【案例三】受电计划实时文件异常，导致××电网发用电失去平衡、频率失去控制

1. 隐患排查（发现）

2019 年×月×日 15:27，××省调自动化值班员在运行值班过程中发现××电网 AGC 上下旋转备用跳至 0MW，受电计划实时值从 2 万多兆瓦跳变至 −2 万多兆瓦，导致 AGC 功能暂停，全省 200 多台发电机组失去了自动调节能力。按照当天的负荷变动情况，若该事件未得到及时妥善处理，将导致××电网发用电失去平衡、频率失去控制，并进一步可能导致省电网负荷缺口达到 10% 以上。不满足《电力系统安全稳定导则》关于"电力系统频率稳定的计算分析"要求。

按照《国家电网公司事故调查规程》（2020 版）第 4.2.3（2）的规定，"造成电网负荷 20 000MW 以上的省（自治区）电网减供负荷 10% 以上 13% 以下者；"构成三级电网事件。根据《国家电网公司安全隐患排查治理管理办法》的规定，三级电网事件定性为重大隐患。

2. 隐患评估

隐患所在单位预评估其为重大隐患，并在 1 周内完成专业评估及主管领导审定，最终评估并认定为重大隐患，并在确定后 5 天内反馈处理意见。

3. 隐患治理

隐患所在单位根据反馈意见，计划在 7 天内完成治理，并同步制定以下防控措施：

（1）确定并实施了加强受电关口数据运维监视和关键多源数据自动切换的技术措施。

（2）并将该现象处置方案纳入应急预案，便于调度台、自动化值班台能通过告警第一时间发现并及时调整电网调节策略，防止问题扩大，避免可能发生的电网事故。

2019 年×月×日，及时开展数据分析和梳理排查，发现系上级下发的受电计划实时文件异常造成，技术人员快速处置，人工切换 AGC 控制数据源至备用数据后，3 分钟内 AGC 功能恢复正常，期间电网运行平稳无异常。治理完成

后满足该设备安全运行条件，申请对该隐患治理完成情况进行验收。

4. 验收销号

隐患所在单位完成治理后，2019 年×月×日，经××电力公司安监部对该隐患（2019002×号隐患）治理情况进行现场验收，治理方案各项措施已按要求实施，治理完成情况属实，满足安全运行要求，该隐患已消除。

【案例四】××光伏电站存在生产控制大区与运营商的无线网络违规外联，影响电力数据网中断的安全隐患

1. 隐患排查（发现）

×年×月×日在重大活动保障期间，××电网电力监控系统安全稳定运行，××省调在全省范围内组织开展了电力监控系统安全防护专项检查，发现××发电公司光伏运维中心与下辖光伏电站生产控制大区之间直接通过运营商的无线网络相连，中间未采取安防措施。不满足《电力监控系统安全防护规定》和《电力监控系统安全防护总体方案》规定的"安全分区、网络专用、横向隔离、纵向认证"。

按照《国家电网公司事故调查规程》（2020 版）第 4.3.8.14（4）的规定，"生产控制大区或安全Ⅲ区与互联网直联，对公司安全生产产生一定影响。"构成八级设备事件。根据《国家电网公司安全隐患排查治理管理办法》的规定，八级设备事件定性为安全事件。

2. 隐患评估

隐患所在单位预评估其为安全事件隐患，并在 1 周内完成专业评估及主管领导审定，最终评估并认定为安全事件隐患，并在确定后 10 天内反馈处理意见。

3. 隐患治理

隐患所在单位根据反馈意见，计划在 7 天内完成治理，并同步制定以下防控措施：

（1）××省调立即责成××地调对××发电公司下辖的光伏电站予以断网。

（2）××地调组织召开了××发电公司违规外联整改工作推进会议。

（3）依据"安全隐患不整改不放过"的原则，对××发电公司整改不力的情况积极主动汇报省能监办，推动省能监办对××发电公司开展监管约谈并拟采取行政处罚措施。

2019 年×月×日，在××省电力公司和能监办等的督导下，××发电公司整改工作开展迅速，完成下辖 6 个光伏电站的隐患治理工作。治理完成后，满足信息系统安全运行要求，申请对该隐患治理完成情况进行验收。

4. 验收销号

隐患所在单位完成治理后，2019 年×月×日，经××省电力公司安监部对该隐患（2019003×号隐患）处理情况进行现场验收，治理方案各项措施已按要求实施，治理完成情况属实，满足安全（生产）运行要求，验收合格，治理措施已按要求实施，该隐患已消除。

第五章

生产现场的安全设备设施

安全设施是指在生产现场经营活动中将危险因素、有害因素控制在安全范围内以及预防、减少、消除危害所设置的安全标志、设备标志、安全警示线和安全防护设施等的统称。变电站内生产活动所涉及的场所、设备（设施）、检修施工等特定区域以及其他有必要提醒人们注意危险有害因素的地点，应配置标准化的安全设施。

第一节　安　全　标　志

安全标志是指用以表达特定安全信息的标志，由图形符号、安全色、几何形状（边框）和文字构成。安全标志分禁止标志、警告标志、指令标志、提示标志四大基本类型和消防安全标志等特定类型。

一、一般规定

（1）变电站设置的安全标志包括禁止标志、警告标志、指令标志、提示标志四种基本类型和消防安全标志、道路交通标志等特定类型。

（2）安全标志一般使用相应的通用图形标志和文字辅助标志的组合标志。

（3）安全标志一般采用标志牌的形式，宜使用衬边，以使安全标志与周围环境之间形成较为强烈的对比。

（4）安全标志所用的颜色、图形符号、几何形状、文字，标志牌的材质、表面质量、衬边及型号选用、设置高度、使用要求应符合 GB 2894—2008《安全标志及其使用导则》的规定。

（5）安全标志牌应设在与安全有关场所的醒目位置，便于进入变电站的人们看到，并有足够的时间来注意它所表达的内容。环境信息标志宜设在有关场所的入口处和醒目处；局部环境信息应设在所涉及的相应危险地点或设备（部件）的醒目处。

（6）安全标志牌不宜设在可移动的物体上，以免标志牌随母体物体移动，影响认读。标志牌前不得放置妨碍认读的障碍物。

（7）多个标志在一起设置时，应按照警告、禁止、指令、提示类型的顺序，先左后右、先上后下地排列，且应避免出现相互矛盾、重复的现象，也可以根据实际使用多重标志。

（8）安全标志牌应定期检查，如发现破损、变形、褪色等不符合要求时，应及时修整或更换。修整或更换时，应有临时的标志替换，以避免发生意外伤害。

（9）在变电站入口的醒目位置，应根据站内通道、设备、电压等级等具体情况，按配置规范设置相应的安全标志牌，如"当心触电""未经许可　不得入内""禁止吸烟""必须戴安全帽"等，并应设立限速的标识（装置）。

（10）在设备区入口的醒目位置，应根据通道、设备、电压等级等具体情况，按配置规范设置相应的安全标志牌，如"当心触电""未经许可　不得入内""禁止吸烟""必须戴安全帽"及安全距离等，并应设立限速、限高的标识（装置）。

（11）在各设备间入口的醒目位置，应根据内部设备、电压等级等具体情况，按配置规范设置相应的安全标志牌，如：主控制室、继电器室、通信室、自动装置室应配置"未经许可　不得入内""禁止烟火"；继电器室、自动装置室应配置"禁止使用无线通信"；高压配电装置室应配置"未经许可　不得入内""禁止烟火"；GIS 组合电器室、SF_6 设备室、电缆夹层应配置"禁止烟火""注意通风""必须戴安全帽"等。

二、禁止标志及设置规范

禁止标志是指禁止或制止人们不安全行为的图形标志。常用禁止标志名称、图形标志示例及设置规范见表 5-1。

表 5－1　　　　　　常用禁止标志名称、图形标志示例及设置规范

序号	名称	图形标志示例	设置范围和地点
1	禁止烟火	禁止烟火	主控制室、继电器室、蓄电池室、通信室、自动装置室、变压器室、配电装置室、检修、试验工作场所、电缆夹层、隧道入口、危险品存放点等处
2	禁止用水灭火	禁止用水灭火	变压器室、配电装置室、继电器室、通信室、自动装置室等处（有隔离油源设施的室内油浸设备除外）
3	禁止跨越	禁止跨越	不允许跨越的深坑（沟）等危险场所、安全遮栏等处
4	禁止攀登	禁止攀登	不允许攀爬的危险地点，如有坍塌危险的建筑物、构筑物等处
5	未经许可　不得入内	未经许可 不得入内	易造成事故或对人员有伤害的场所的入口处，如高压设备室入口、消防泵室、雨淋阀室等处
6	禁止堆放	禁止堆放	消防器材存放处、消防通道、逃生通道及变电站主通道、安全通道等处
7	禁止使用无线通信	禁止使用无线通信	继电器室、自动装置室等处

续表

序号	名称	图形标志示例	设置范围和地点
8	禁止合闸　有人工作	禁止合闸 有人工作	一经合闸即可送电到施工设备的断路器和隔离开关操作把手上等处
9	禁止合闸 线路有人工作	禁止合闸 线路有人工作	线路断路器和隔离开关把手上
10	禁止分闸	禁止分闸	接地开关与检修设备之间的断路器操作把手上
11	禁止攀登　高压危险	禁止攀登 高压危险	高压配电装置构架的爬梯上，变压器、电抗器等设备的爬梯上

三、警告标志及设置规范

警告标志是指提醒人们对周围环境引起注意，以避免可能发生危险的图形标志。常用警告标志名称、图形标志示例及设置规范见表 5−2。

表 5−2　　　　　　常用警告标志、图形标志示例及设置规范

序号	名称	图形标志示例	设置范围和地点
1	注意安全	注意安全	易造成人员伤害的场所及设备等处

续表

序号	名称	图形标志示例	设置范围和地点
2	注意通风	注意通风	SF₆装置室、蓄电池室、电缆夹层、电缆隧道入口等处
3	当心火灾	当心火灾	易发生火灾的危险场所，如电气检修试验、焊接及有易燃易爆物质的场所
4	当心爆炸	当心爆炸	易发生爆炸危险的场所，如易燃易爆物质的使用或受压容器等地点
5	当心中毒	当心中毒	装有 SF₆断路器、GIS 组合电器的配电装置室入口，生产、储运、使用剧毒品及有毒物质的场所
6	当心触电	当心触电	设置在有可能发生触电危险的电气设备和线路，如配电装置室、开关等处
7	当心电缆	当心电缆	暴露的电缆或地面下有电缆处施工的地点
8	当心腐蚀	当心腐蚀	蓄电池室内墙壁等处
9	止步高压危险	止步 高压危险	带电设备固定遮栏上、室外带电设备构架上、高压试验地点安全围栏上、因高压危险禁止通行的过道上、工作地点临近室外带电设备的安全围栏上、工作地点临近带电设备的横梁上等处

四、指令标志及设置规范

指令标志是指强制人们必须做出某种动作或采用防范措施的图形标志。常用指令标志名称、图形标志示例及设置规范见表 5－3。

表 5－3　　　　　常用指令标志、图形标志示例及设置规范

序号	名称	图形标志示例	设置范围和地点
1	必须戴防毒面具		设置在具有对人体有害的气体、气溶胶、烟尘等作业场所，如有毒物散发的地点或处理有毒物造成的事故现场等处
2	必须戴安全帽		设置在生产现场（办公室、主控制室、值班室和检修班组室除外）
3	必须戴防护手套		设置在易伤害手部的作业场所，如具有腐蚀、污染、灼烫、冰冻及触电危险的作业等处
4	必须穿防护鞋		设置在易伤害脚部的作业场所，如具有腐蚀、灼烫、触电、砸（刺）伤等危险的作业地点

五、提示标志及设置规范

提示标志是指向人们提供某种信息（如标明安全设施或场所等）的图形标志。常用提示标志名称、图形标志示例及设置规范见表 5－4。

表 5-4　　　　　　　　常用提示标志、图形标志示例及设置规范

序号	名称	图形标志示例	设置范围和地点
1	在此工作	在此工作	工作地点或检修设备上
2	从此上下	从此上下	工作人员可以上下的铁（构）架、爬梯上
3	从此进出	从此进出	工作地点遮栏的出入口处
4	紧急洗眼水		悬挂在从事酸碱工作的蓄电池室、化验室等洗眼水喷头旁
5	安全距离	220kV 设备不停电时的安全距离	根据不同电压等级标示出人体与带电体的最小安全距离，设置在设备区入口处

六、消防安全标志及设置规范

消防安全标志是指用以表达与消防有关的安全信息，由安全色、边框、以图像为主要特征的图形符号或文字构成的标志。

在变电站的主控制室、继电器室、通信室、自动装置室、变压器室、配电装置室、电缆隧道等重点防火部位入口处以及储存易燃易爆物品仓库门口处应合理配置灭火器等消防器材，在火灾易发生部位设置火灾探测和自动报警装置。

各生产场所应有逃生路线的标志，楼梯主要通道门上方或左（右）侧装设紧急撤离提示标志。

常用消防安全标志名称、图形标志示例及设置规范见表 5-5。

表 5－5　　　常用消防安全标志、图形标志示例及设置规范

序号	名称	图形标志示例	设置范围和地点
1	消防手动启动器		依据现场环境，设置在适宜、醒目的位置
2	火警电话		依据现场环境，设置在适宜、醒目的位置
3	消火栓箱	消火栓　火警电话：119　厂内电话：***　A001	设置在生产场所构筑物内的消火栓处
4	地上消火栓	地上消火栓　编号：***	固定在距离消火栓 1m 的范围内，不得影响消火栓的使用
5	地下消火栓	地下消火栓　编号：***	固定在距离消火栓 1m 的范围内，不得影响消火栓的使用
6	灭火器	灭火器　编号：***	悬挂在灭火器、灭火器箱的上方或存放灭火器、灭火器箱的通道上，泡沫灭火器器身上应标注"不适用于电火"字样
7	消防水带		指示消防水带、软管卷盘或消防栓箱的位置

续表

序号	名称	图形标志示例	设置范围和地点
8	灭火设备或报警装置的方向		指示灭火设备或报警装置的方向
9	疏散通道方向		指示到紧急出口的方向，用于电缆隧道指向最近出口处
10	紧急出口	紧急出口　紧急出口	便于安全疏散的紧急出口处，与方向箭头结合设在通向紧急出口的通道、楼梯口等处
11	消防水池	1号消防水池	装设在消防水池附近的醒目位置，并应编号
12	消防沙池（箱）	1号消防沙池	装设在消防沙池（箱）附近的醒目位置，并应编号
13	防火墙	1号防火墙	在变电站的电缆沟（槽）进入主控制室、继电器室处和分接处、电缆沟每间隔约60m处应设防火墙，将盖板涂成红色，标明"防火墙"字样并应编号

七、道路交通标志及设置规范

道路交通标志是用以管制及引导交通的一种安全管理设施，是用文字和符号传递引导、限制、警告或指示信息的道路设施。

限制高度标志表示禁止装载高度超过标志所示数值的车辆通行。

限制速度标志表示该标志至前方解除限制速度标志的路段内，机动车行驶速度（单位为km/h）不准超过标志所示数值。

变电站道路交通标志、图形标志示例及设置规范见表5-6。

表 5-6　　　　　道路交通标志、图形标志示例及设置规范

序号	名称	图形标志示例	设置范围和地点
1	限制高度标志		变电站入口处、不同电压等级设备区入口处等最大容许高度受限制地方
2	限制速度标志		变电站入口处、变电站主干道及转角处等需要限制车辆速度的路段起点

第二节　设　备　标　志

　　设备标志是指用以标明设备名称、编号等特定信息的标志，由文字和（或）图形构成。设备标志由设备名称和设备编号组成。设备标志应定义清晰，具有唯一性。功能、用途完全相同的设备，其设备名称应统一。

　　一般规定：

　　（1）设备标志牌应配置在设备本体或附件醒目位置。

　　（2）两台及以上集中排列安装的电气盘应在每台盘上分别配置各自的设备标志牌。两台及以上集中排列安装的前后开门的电气盘前、后均应配置设备标志牌，且同一盘柜前、后的设备标志牌一致。

　　（3）GIS 设备的隔离开关和接地开关标志牌根据现场实际情况装设，母线的标志牌按照实际相序位置排列，安装于母线筒端部；隔室标志安装于靠近本隔室取气阀门旁醒目位置，各隔室之间通气隔板周围涂红色，非通气隔板周围涂绿色，宽度根据现场实际确定。

　　（4）电缆两端应悬挂标明电缆编号名称、起点、终点、型号的标志牌，电力电缆还应标注电压等级及长度。

　　（5）在各设备间及其他功能室入口处的醒目位置均应配置房间标志牌，标明其功能及编号，在室内醒目位置应设置逃生路线图及定置图（表）。

　　（6）电气设备标志文字内容应与调度机构下达的编号相符，其他电气设备

的标志内容可参照调度编号及设计名称。一次设备为分相设备时应逐相标注，直流设备应逐极标注。

设备标志名称、图形标志示例及设置规范见表 5-7。

表 5-7　　　　设备标志名称、图形标志示例及设置规范

序号	名称	图形标志示例	设置范围和地点
1	变压器（电抗器）标志牌	1号主变压器 1号主变压器 A相	1. 安装固定于变压器（电抗器）器身中部，面向主巡视检查路线，并标明名称、编号； 2. 单相变压器每相均应安装标志牌，并标明名称、编号及相别； 3. 线路电抗器每相应安装标志牌，并标明线路电压等级、名称及相别
2	主变压器（线路）穿墙套管标志牌	1号主变压器 10kV穿墙套管 Ⓐ Ⓑ Ⓒ 1号主变压器 110kV穿墙套管 Ⓑ	1. 安装于主变压器（线路）穿墙套管内、外墙处； 2. 标明主变压器（线路）编号、电压等级、名称，分相布置的还应标明相别
3	滤波器组、电容器组标志牌	3601ACF 交流滤波器	1. 在滤波器组（包括交、直流滤波期，PLC噪声滤波器、RI噪声滤波器）、电容器组的围栏门上分别装设，安装于离地面1.5m处，面向主巡视检查路线； 2. 标明设备名称、编号
4	阀厅内直流设备标志牌	020FQ 换流阀 A相 02DCCT 电流互感器	1. 在阀厅顶部巡视走道遮栏上固定，正对设备，面向走道，安装于离地面1.5m处； 2. 标明设备名称、编号
5	滤波器、电容器组围栏内设备标志牌	C1 电容器 R1 电阻器 L1 电抗器	1. 安装固定于设备本体上醒目处，本体上无位置安装时考虑落地固定，面向围栏正门； 2. 标明设备名称、编号

续表

序号	名称	图形标志示例	设置范围和地点
6	断路器标志牌	500kV ××线 5031 断路器 500kV ××线 5031 断路器 A相	1. 安装固定于断路器操作机构箱上方醒目处； 2. 分相布置的断路器标志牌安装在每相操作机构箱上方醒目处，并标明相别； 3. 标明设备电压等级、名称、编号
7	隔离开关标志牌	500kV ××线 50314 隔离开关 500kV × × 线 50314	1. 手动操作型隔离开关安装于隔离开关操作机构上方 100mm 处； 2. 电动操作型隔离开关安装于操作机构箱门上醒目处； 3. 标志牌应面向操作人员； 4. 标明设备电压等级、名称、编号
8	电流互感器、电压互感器、避雷器、耦合电容器等标志牌	500kV ××线 电流互感器 A相 220kV Ⅱ段母线 1号避雷器 A相	1. 安装在单支架上的设备，其标志牌还应标明相别，安装于离地面 1.5m 处，面向主巡视检查路线； 2. 三相共支架设备，其标志牌安装于支架横梁醒目处，面向主巡视检查线路； 3. 落地安装加独立遮栏的设备(如避雷器、电抗器、电容器、所用变压器、专用变压器等)，其标志牌安装在设备围栏中部，面向主巡视检查线路； 4. 标明设备电压等级、名称、编号及相别
9	换流站特殊辅助设备标志牌	LTT 换流阀 空气冷却器 1号屋顶式 组合空调机组	1. 安装在设备本体醒目处，面向主巡视检查线路； 2. 标明设备名称、编号
10	控制箱、端子箱标志牌	500kV ××线 5031 断路器端子箱	1. 安装在设备本体醒目处，面向主巡视检查线路； 2. 标明设备名称、编号
11	接地刀闸标志牌	500kV ××线 503147 接地刀闸 A相 500kV × × 线 503147	1. 安装于接地刀闸操作机构上方 100mm 处； 2. 标志牌应面向操作人员； 3. 标明设备电压等级、名称、编号、相别

续表

序号	名称	图形标志示例	设置范围和地点
12	控制、保护、直流、通信等盘柜标志牌	220kV ××线光纤纵差保护屏	1. 安装于盘柜前后顶部的门楣处； 2. 标明设备电压等级、名称、编号
13	室外线路出线间隔标志牌	220kV ××线 Ⓐ Ⓑ Ⓒ	1. 安装于线路出线间隔龙门架下方或相对应围墙的墙壁上； 2. 标明电压等级、名称、编号、相别
14	敞开式母线标志牌	220kV Ⅰ段母线 Ⓐ Ⓑ Ⓒ 220kV Ⅰ段母线 Ⓑ	1. 室外敞开式布置母线，母线标志牌安装于母线两端头正下方的支架上，背向母线； 2. 室内敞开式布置母线，母线标志牌安装于母线端部对应的墙壁上； 3. 标明电压等级、名称、编号、相序
15	封闭式母线标志牌	220kV Ⅰ段母线 Ⓐ Ⓑ Ⓒ 10kV Ⅱ段母线 Ⓐ Ⓑ Ⓒ	1. GIS 设备封闭母线，母线标志牌按照实际相序排列位置，安装于母线筒端部； 2. 高压开关柜母线标志牌安装于开关柜端部对应母线位置的柜壁上； 3. 标明电压等级、名称、编号、相序
16	室内出线穿墙套管标志牌	10kV ××线 Ⓐ Ⓑ Ⓒ	1. 安装于出线穿墙套管内、外墙处； 2. 标明出线线路电压等级、名称、编号、相序
17	熔断器、交（直）流开关标志牌	回路名称： 型　号： 熔断电流：	1. 悬挂在二次屏中的熔断器、交（直）流开关处； 2. 标明回路名称、型号、额定电流
18	避雷针标志牌	1 号避雷针	1. 安装于避雷针距地面 1.5m 处； 2. 标明设备名称、编号
19	明敷接地体	⟵100mm⟶	全部设备的接地装置（外露部分）应涂宽度相等的黄绿相间条纹，间距以 100～150mm 为宜
20	地线接地端（临时接地线）	接地端 ⏚	固定于设备压接型地线的接地端
21	低压电源箱标志牌	220kV 设备区电源箱	1. 安装于各类低压电源箱的醒目位置； 2. 标明设备名称及用途

第三节　安　全　警　示　线

一般规定：

（1）安全警示线用于界定和分割危险区域，向人们传递某种注意或警告的信息，以避免人身伤害。安全警示线包括禁止阻塞线、减速提示线、安全警戒线、防止踏空线、防止碰头线、防止绊跤线和生产通道边缘警戒线等。

（2）安全警示线一般采用黄色或与对比色（黑色）同时使用。

安全警示线、图形标志示例及设置规范见表5-8。

表 5-8　　　　　　　　安全警示线、图形标志示例及设置规范

序号	名称	图形标志示例	设置范围和地点
1	禁止阻塞线		1. 标注在地下设施入口盖板上； 2. 标注在主控制室、继电器室门内外，消防器材存放处，防火重点部位进出通道； 3. 标注在通道旁边的配电柜前（800mm）； 4. 标注在其他禁止阻塞的物体前
2	减速提示线		标注在变电站站内道路的弯道、交叉路口和变电站进站入口等限速区域的入口处
3	安全警戒线	设备屏 设备屏 设备区 设备屏	1. 设置在控制屏（台）、保护屏、配电屏和高压开关柜等设备周围； 2. 安全警戒线至屏面的距离宜为 300～800mm，可根据实际情况进行调整
4	防止碰头线		标注在人行通道高度小于1.8m的障碍物上

97

续表

序号	名称	图形标志示例	设置范围和地点
5	防止绊跤线		1. 标注在人行横道地面上高差 300mm 以上的管线或其他障碍物上； 2. 采用 45°间隔斜线（黄/黑）排列进行标注
6	防止踏空线		1. 标注在上下楼梯第一级台阶上； 2. 标注在人行通道高差 300mm 以上的边缘处
7	生产通道边缘警戒线	设备区 生产通道 设备区	1. 标注在生产通道两侧； 2. 为保证夜间可见性，宜采用道路反光漆或强力荧光油漆进行涂刷
8	设备区巡视路线	巡视路线	标注在变电站室内外设备区道路或电缆沟盖板上

第四节 安全防护设施

安全防护设施是指为防止外因引发的人身伤害、设备损坏而配置的防护装置和用具。

一般规定：

（1）安全防护设施用于防止外因引发的人身伤害，包括安全帽、安全工器具柜、安全工器具试验合格证标志牌、固定防护遮栏、区域隔离遮栏、临时遮栏（围栏）、红布幔、孔洞盖板、爬梯遮栏门、防小动物挡板、防误闭锁解锁钥匙箱等设施和用具。

（2）工作人员进入生产现场，应根据作业环境中存在的危险因素，穿戴或使用必要的防护用品。

安全防护设施、图形标志示例及配置规范见表 5-9。

表 5-9　　　　　　安全防护设施、图形标志示例及配置规范

序号	名称	图形标志示例	设置范围和地点
1	安全帽	**安全帽背面**	1. 安全帽用于作业人员头部防护，任何人进入生产现场（办公室、主控制室、值班室和检修班组室除外），应正确佩戴安全帽； 2. 安全帽应符合 GB2811《安全帽》的规定； 3. 安全帽前面有国家电网公司标志，后面为单位名称及编号，并按编号定置存放； 4. 安全帽实行分色管理，红色安全帽为管理人员使用，黄色安全帽为运维人员使用，蓝色安全帽为检修（施工、试验等）人员使用，白色安全帽为外来参观人员使用
2	安全工器具柜（室）		1. 变电站应配备足量的专用安全工器具柜； 2. 安全工器具柜应满足国家、行业标准及产品说明书关于保管和存放的要求； 3. 安全工器具室（柜）宜具有温度、湿度监控功能，满足温度为 $-15\sim35℃$、相对湿度为 80%以下、保持干燥通风的基本要求
3	安全工器具试验合格证标志牌	**安全工器具试验合格证** 名称_____编号_____ 试验日期_____年___月___日 下次试验日期_____年___月___日	1. 安全工器具试验合格证标志牌贴在经试验合格的安全工器具醒目处； 2. 安全工器具试验合格证标志牌可采用粘贴力强的不干胶制作，规格为 60mm×40mm
4	接地线标志牌及接地线存放地点标志牌	**01 号接地线** 编号：01 电压：220kV ××变电站	1. 接地线标志牌固定在接地线接地端线夹上； 2. 接地线标志牌应采用不锈钢板或其他金属材料制成，厚度 1.0mm； 3. 接地线标志牌尺寸为 $D=30\sim50\text{mm}$、$D_1=2.0\sim3.0\text{mm}$； 4. 接地线存放地点标志牌应固定在接地线存放的醒目位置

序号	名称	图形标志示例	设置范围和地点
5	固定防护遮栏		1. 固定防护遮栏适用于落地安装的高压设备周围及生产现场平台、人行通道、升降口、大小坑洞、楼梯等有坠落危险的场所； 2. 用于设备周围的遮栏高度不低于 1700mm，设置供工作人员出入的门并上锁，防坠落遮栏高度不低于 1050mm，并装设不低于 100mm 的护板； 3. 固定遮栏上应悬挂安全标志，位置根据实际情况而定； 4. 固定遮栏及防护栏杆、斜梯应符合规定，其强度和间隙满足防护要求； 5. 检修期间需将栏杆拆除时，应装设临时遮栏，并在检修工作结束后将栏杆立即恢复
6	区域隔离遮栏		1. 区域隔离遮栏适用于设备区与生活区的隔离、设备区间的隔离、改（扩）建施工现场与运行区域的隔离，也可装设在人员活动密集场所周围； 2. 区域隔离遮栏应采用不锈钢或塑钢等材料制作，高度不低于 1050mm，其强度和间隙满足防护要求
7	临时遮栏（围栏）		1. 临时遮栏（围栏）适用于下列场所： a）有可能高处落物的场所； b）检修、试验工作现场与运行设备的隔离； c）检修、试验工作现场规范工作人员活动范围； d）检修现场安全通道； e）检修现场临时起吊场地； f）防止其他人员靠近的高压试验场所； g）安全通道或沿平台等边缘部位，因检修拆除常设栏杆的场所； h）事故现场保护； i）需临时打开的平台、地沟、孔洞盖板周围等。 2. 临时遮栏（围栏）应采用满足安全、防护要求的材料制作，有绝缘要求的临时遮栏应采用干燥木材、橡胶或其他坚韧绝缘材料制成；

序号	名称	图形标志示例	设置范围和地点
7	临时遮栏（围栏）		3. 临时遮栏（围栏）高度为 1050～1200mm，防坠落遮栏应在下部装设不低于 180mm 高的挡板； 4. 临时遮栏（围栏）强度和间隙应满足防护要求，装设应牢固可靠； 5. 临时遮栏（围栏）应悬挂安全标志，位置根据实际情况而定
8	红布幔		1. 红布幔用于变电站二次系统上进行工作时，将检修设备与运行设备前后以明显的标志隔开； 2. 红布幔尺寸一般为 2400mm×800mm、1200mm×800mm、650mm×120mm，也可根据现场实际情况制作； 3. 红布幔上印有运行设备字样，白色黑体字，布幔上下或左右两端设有绝缘隔离的磁铁或挂钩
9	孔洞盖板	覆盖式 镶嵌式	1. 适用于生产现场需打开的孔洞； 2. 孔洞盖板均应为防滑板，且应覆以与地面齐平、坚固的有限位的盖板。盖板边缘应大于孔洞边缘 100mm，限位块与孔洞边缘距离不得大于 25～30mm，网络板孔眼不应大于 50mm×50mm； 3. 在检修工作中如需将盖板取下，应设临时围栏，临时打开的孔洞应在施工结束后立即恢复原状，夜间不能恢复的应加装警示红灯； 4. 孔洞盖板可制成与现场孔洞相配合的矩形、正方形、圆形等形状，选用镶嵌式、覆盖式，并在其表面涂刷 45° 黄黑相间的等宽条纹，宽度宜为 50～100mm； 5. 盖板拉手可做成活动式，便于钩起
10	爬梯遮栏门	编号	1. 应在禁止攀登的设备、构架爬梯上安装爬梯遮栏门，并编号； 2. 爬梯遮栏门为整体不锈钢或铝合金板门，其高度应大于工作人员的跨步长度，宜设置为 800mm 左右，宽度应与爬梯保持一致； 3. 在爬梯遮栏门的正门应装设"禁止攀登　高压危险"的标志牌

序号	名称	图形标志示例	设置范围和地点
11	防小动物挡板		1. 在各配电装置室、电缆室、通信室、蓄电池室、主控制室和继电器室等出入口处，应装设防小动物挡板，以防止小动物短路故障引发的电气事故； 2. 防小动物挡板宜采用不锈钢、铝合金等不易生锈、变形的材料制作，高度应不低于 400mm，其上部应设有防止绊跤线标志，标志线宽宜为50～100mm
12	防误闭锁解锁钥匙箱		1. 防误闭锁解锁钥匙箱是将解锁钥匙存放其中并加封，根据规定执行有关手续后使用； 2. 防误闭锁解锁钥匙箱用木质或其他材料制作，前面部为玻璃面，在紧急情况下可将玻璃破碎，取出解锁钥匙使用； 3. 防误闭锁解锁钥匙箱存放在变电站主控制室内
13	防毒面具和正压式消防空气呼吸器	 **过滤式防毒面具** **正压式消防空气呼吸器**	1. 变电站应按规定配备防毒面具和正压式消防空气呼吸器； 2. 过滤式防毒面具是在有氧环境中使用的呼吸器； 3. 过滤式防毒面具应符合 GB 2890—2009《呼吸防护 自吸过滤式防毒面具》的规定，使用时空气中氧气浓度不低于 18%，温度为–30～45℃，且不能用于槽、罐等密闭容器环境； 4. 过滤式防毒面具的过滤剂有一定的使用时间，一般为 30～100min，过滤失去过滤作用（面具内有特殊气味）时应及时更换； 5. 过滤式防毒面具应存放在干燥、通风及无酸、碱、溶剂等物质的库房内，严禁重压，防毒面具的滤毒罐（盒）的储存期为 5 年（3 年），过期产品应经检验合格后方可使用； 6. 正压式消防空气呼吸器是用于无氧环境中的呼吸器； 7. 正压式消防空气呼吸器应符合 GA 124—2004《正压式消防空气呼吸器》的规定； 8. 正压式消防空气呼吸器在储存时应装入包装箱内，避免长时间曝晒，不能与油、酸、碱或其他有害物质共同储存，严禁重压

第六章

典型违章举例与事故案例分析

第一节 典型违章举例

违章按照定义分为管理性违章、行为性违章和装置性违章三类。

一、管理性违章

管理性违章是指各级领导、管理人员不履行岗位安全职责，不落实安全管理要求，不健全安全规章制度，不开展安全教育培训，不执行安全规章制度等的各种不安全作为。

（1）未明确和落实各级人员安全生产岗位职责。

（2）未按规定设置安全监督机构和配置安全员。

（3）未按规定落实安全生产措施、计划、资金。

（4）未按规定配置现场安全防护装置、安全工器具和个人防护用品。

（5）设备变更后相应的规程、制度、资料未及时更新。

（6）现场规程没有每年进行一次复查、修订，并书面通知有关人员。

（7）新入厂的生产人员未组织三级安全教育或员工未按规定组织《安规》考试。

（8）没有每年公布工作票签发人、工作负责人、工作许可人、有权单独巡视高压设备人员名单。

（9）对排查出的事故隐患未制定整改计划或未落实整改治理措施。

（10）设计、采购、施工、验收未执行有关规定，造成设备装置性缺陷。

（11）按规定应进行现场勘察而未经现场勘察进行的工作。

（12）大型施工或危险性较大作业期间管理人员未到岗到位。

（13）临时劳务协作工无资质从事有危险性的高空作业。

（14）指派未具备岗位资质的人员担任工作票中的签发人、工作负责人和许可人。

（15）未按规定严格审核现场运行主接线图，不认真核实现场设备一次接线。

（16）特种作业人员上岗前未经过规定的专业培训，无证人员从事特殊工种作业，无证驾驶机动车辆。

（17）对违章不制止、不考核。

（18）违章指挥或干预值班调控、运维人员操作。

（19）本单位原因造成设备经评价应检修而未按期检修、缺陷消除超过规定时限、工器具试验超周期。

（20）设备缺陷管理流程未闭环。

（21）对事故未按照"四不放过"原则进行调查处理。

（22）安排或默许无票作业、无票操作。

（23）承发包工程未依法签订安全协议，未明确双方应承担的安全责任。

二、行为性违章

行为性违章是指现场作业人员在电力建设、运行、检修、营销服务等生产活动过程中，违反保证安全的规程、规定、制度、反事故措施等的不安全行为。

1. 通用部分

（1）用湿手接触电源开关。

（2）工作结束或中断时未切断电源。

（3）地线及零线保护采用简单缠绕或钩挂方式。

（4）不按规定使用电动工具。

（5）在低压带电作业中使用锉刀、金属尺和带有金属物的毛刷。

（6）漏挂（拆）、错挂（拆）警告标示牌。

（7）作业结束未做到工完料尽场地清，作业结束未及时封堵孔洞、盖好沟道盖板。

（8）装设接地线的导电部分或接地部分未清除油漆。

（9）人体碰触接地线（包括已与地断开的接地引线）或未接地的导线。

（10）用缠绕的方法装设接地线或用不合规定的导线进行接地短路。

（11）接地线与检修部分之间连有熔断器或未做好防止分闸安全措施的断

路器。

（12）工作班成员擅离工作现场。

（13）酒后开车、从事电气检修施工作业或其他特种作业。

（14）发生违章被指出后仍不改正。

（15）违章构成责任性二类障碍的，违章构成责任性一类障碍的。

2．工作票执行

（1）工作票未带到工作现场。

（2）工作票所填安全措施不全、不准确，与现场实际不符，或与现场勘察记录不符。

（3）工作延期未办理工作票延期手续或工作结束未及时办理工作票终结手续。

（4）在未办理工作票终结手续前或在不交回工作票的工作间断期间，工作负责人收执另一份工作票工作。

（5）作业时未按工作票执行流程执行。

（6）工作前未进行"三交三查"。

（7）工作票无对应的批准停役申请单或工作票计划工作时间与所批准的时间不符。

（8）该使用工作票而采用口头命令的方式工作。

（9）变电工作许可人未到现场许可工作（本单位另有规定除外）。

（10）工作票上工作班成员或人数与实际不符。

（11）应设专责监护（看护）的作业或地点未设的，专责监护（看护）不到位。

（12）还未许可工作即擅自进入检修设备区。

（13）工作负责人擅离工作现场且未指定其他监护人。

（14）既无工作票又无口头或电话命令，擅自在电气设备上工作。

（15）未经许可将实际工作内容超出工作票所填项目。

（16）未按工作票的要求实施安全措施或擅自变更工作票上要求的安全措施。

（17）未得到许可即开始工作。

3．变电运行及检修

（1）在同一电气连接部分，高压试验的工作票发出后，再发出或未收回已许可的有关该系统的所有工作票。

（2）在带电的电压互感器二次回路上工作时，将二次回路短路或接地。

（3）在带电的电流互咸器二次回路上工作时，发生下列违章现象：

1）二次回路开路；

2）采用导线缠绕的方法短路二次绕组；

3）在电流互感器与短路端子之间的回路和导线上进行工作。

（4）在继保屏上作业未采取以下安全措施：

1）运行设备与检修设备无明显标志隔开；

2）在保护盘上或附近进行振动较大的工作时，未采取防掉闸的安全措施；

3）在继保屏间通道上进行搬运等工作，未采取与设备保持一定距离的措施。

（5）在运行的变电站及屋内高压配电室竖着搬动梯子、线材等长物。

（6）在调整、检修断路器设备及传动装置时，手臂或人体其他部位进入断路器可动间隙。

（7）无工作需要进出高压配电室或进出高压配电室未随手关门。

（8）保护装置二次回路变动后，出现寄生跳闸出口回路。

（9）二次回路上作业不带图纸。

（10）继电保护及自动装置"三误"。

4. 劳动防护用品及安全工器具

（1）作业中使用不合格的工器具、梯子。

（2）施工、检修作业现场不戴安全帽或不系帽带。

（3）施工、检修工作中穿背心、短裤；女员工穿高跟鞋、裙子，长发未盘起。

（4）未使用合格的、电压等级相符的验电器进行验电操作，包括未在有电设备上验证验电器完好。

三、装置性违章

装置性违章是指生产设备、设施、环境和作业使用的工器具及安全防护用品不满足标准、规程、规定、反事故措施等的要求，不能可靠保证人身、电网和设备安全的不安全状态和环境的不安全因素。

（1）使用的安全防护用品、用具无生产厂家、许可证编号、生产日期及国家鉴定合格证书。

（2）安全帽帽壳破损，缺少帽衬（帽箍、顶衬、后箍）及下颚带等。

（3）电缆孔、洞、电缆入口处未用防火堵料封堵或工作班工作结束后未恢复原状。

（4）电力设备拆除后，仍留有带电部分未处理。

（5）电气设备无安全警示标志或未根据有关规程设置固定遮（围）栏。

（6）电气设备外壳无接地。

（7）临时电源无漏电保护器。

（8）安全带（绳）断股、霉变、损伤或铁环有裂纹、挂钩变形、缝线脱开等。

（9）防误闭锁装置不全或不具备"五防"功能。

四、国家电网公司安全生产典型严重违章

根据《国家电网有限公司关于进一步加大安全生产违章惩处力度的通知》（国家电网安监〔2022〕106 号），严重违章分为三类，按照严重程度由高至低分别为：

Ⅰ类严重违章：主要包括违反新《安全生产法》、《刑法》、"十不干"等要求的管理和行为性违章；

Ⅱ类严重违章：主要包括公司系统近年安全事故（事件）暴露出的管理和行为性违章；

Ⅲ类严重违章：主要包括安全风险高、易造成安全事故（事件）的管理和行为性违章。

1. Ⅰ类严重违章

（1）无日计划作业或实际作业内容与日计划不符。

（2）存在重大事故隐患而不排除，冒险组织作业；存在重大事故隐患被要求停止施工、停止使用有关设备、设施、场所或者立即采取排除危险的整改措施而未执行的。

（3）使用达到报废标准的或超出检验期的安全工器具。

（4）工作负责人（作业负责人、专责监护人）不在现场，或劳务分包人员担任工作负责人（作业负责人）。

（5）未经工作许可即开始工作。

（6）无票（包括作业票、工作票及分票、操作票、动火票等）工作、无令操作。

（7）作业人员不清楚工作任务及危险点。

（8）超出作业范围未经审批。

（9）作业点未在接地保护范围。

（10）漏挂接地线或漏合接地刀闸。

（11）高处作业、攀登或转移作业位置时失去保护。

2．Ⅱ类严重违章

（1）未及时传达学习国家、公司安全工作部署，未及时开展公司系统安全事故（事件）通报学习、安全日活动等。

（2）安全生产巡查通报的问题未组织整改或整改不到位的。

（3）针对公司通报的安全事故事件、要求开展的隐患排查，未举一反三组织排查；未建立隐患排查标准，分层分级组织排查的。

（4）施工总承包单位或专业承包单位未派驻项目负责人、技术负责人、质量管理负责人、安全管理负责人等主要管理人员。

（5）未按照要求开展电网风险评估、及时发布电网风险预警、落实有效的风险管控措施。

（6）未按要求开展网络安全等级保护定级、备案和测评工作。

（7）电力监控系统中横纵向网络边界防护设备缺失。

（8）在带电设备附近作业前未计算校核安全距离，作业安全距离不够且未采取有效措施。

（9）擅自开启高压开关柜门、检修小窗，擅自移动绝缘挡板。

（10）在带电设备周围使用钢卷尺、金属梯等禁止使用的工器具。

（11）两个及以上专业、单位参与的改造、扩建、检修等综合性作业，未成立由上级单位领导任组长，相关部门、单位参加的现场作业风险管控协调组；现场作业风险管控协调组未常驻现场督导和协调风险管控工作。

3．Ⅲ类严重违章

（1）承发包双方未依法签订安全协议，未明确双方应承担的安全责任。

（2）将高风险作业定级为低风险。

（3）现场规程没有每年进行一次复查、修订并书面通知有关人员；不需修订的情况下，未由复查人、审核人、批准人签署"可以继续执行"的书面文件并通知有关人员。

（4）现场作业人员未经安全准入考试并合格；新进、转岗和离岗3个月以上电气作业人员未经专门安全教育培训，并经考试合格上岗。

（5）不具备"三种人"资格的人员担任工作票签发人、工作负责人或许可人。

（6）特种设备作业人员、特种作业人员、危险化学品从业人员未依法取得资格证书。

（7）特种设备未依法取得使用登记证书、未经定期检验或检验不合格。

（8）自制施工工器具未经检测试验合格。

（9）设备无双重名称，或名称及编号不唯一、不正确、不清晰。

（10）网络边界未按要求部署安全防护设备并定期进行特征库升级。

（11）未经批准，擅自将自动灭火装置、火灾自动报警装置退出运行。

（12）工作票票面缺少工作负责人、工作班成员签字等关键内容。

（13）重要工序、关键环节作业未按施工方案或规定程序开展作业，作业人员未经批准擅自改变已设置的安全措施。

（14）作业人员擅自穿过、跨越安全围栏、安全警戒线。

（15）在易燃易爆或禁火区域携带火种，使用明火或吸烟；未采取防火等安全措施在易燃物品上方进行焊接，下方无监护人。

（16）动火作业前，未将盛有或盛过易燃易爆等化学危险物品的容器、设备、管道等生产、储存装置与生产系统隔离，未清洗置换，未检测可燃气体（蒸气）含量，或可燃气体（蒸气）含量不合格即动火作业。

（17）动火作业前，未清除动火现场及周围的易燃物品。

（18）生产和施工场所未按规定配备消防器材或配备不合格的消防器材。

（19）作业现场违规存放民用爆炸物品。

（20）在互感器二次回路上工作，未采取防止电流互感器二次回路开路、电压互感器二次回路短路的措施。

（21）未按规定开展现场勘察或未留存勘察记录，工作票（作业票）签发人和工作负责人均未参加现场勘察。

（22）对超过一定规模的危险性较大的分部分项工程（含大修、技改等项目），未组织编制专项施工方案（含安全技术措施），未按规定论证、审核、审批、交底及现场监督实施。

（23）三级及以上风险作业管理人员（含监理人员）未到岗到位进行管控。

（24）电力监控系统作业过程中，未经授权接入非专用调试设备或调试计算机接入外网。

（25）监理单位、监理项目部、监理人员不履责。

（26）监理人员未经安全准入考试并合格，监理项目部关键岗位（总监、总监代表、安全监理、专业监理等）人员不具备相应资格，总监理工程师兼任工程数量超出允许数量。

（27）安全风险管控平台上的作业开工状态与实际不符；作业现场未布设与安全风险管控平台作业计划绑定的视频监控设备，或视频监控设备未开机、未拍摄现场作业内容。

第二节　典型违章现象及应对措施

一、主站调度自动化

1. 自动化机房无运行管理规范，出入无审批、不记录（管理性违章）

违章内容：违反《国家电网公司电力调度自动化系统运行管理规定》（国网（调/4）335—2014）第十九条"自动化管理部门和子站运行维护部门应制订相应的自动化系统运行管理规范，内容应包括运行值班和交接班、机房管理"。

应对措施：制定自动化系统运行管理规范，建立机房出入管理制度和工作流程。定期检查制度执行情况，对违规行为进行考核，确保规章制度有效落实。

2. 主站或子站自动化设备操作前未及时提报检修申请或擅自扩大检修范围（行为性违章）

违章内容：违反《国家电网公司电力调度自动化系统运行管理规定》（国网（调/4）335—2014）第二十二条（三）"子站设备的计划检修由设备运维单位至少在 3 个工作日前提出申请，临时检修应至少在工作前 4h 提出书面申请"；（七）"主站系统的计划检修由自动化管理部门至少在 3 个工作日前提出书面申请，临时检修应至少在工作前 4h 提出书面申请"。

应对措施：严格执行自动化设备检修管理流程，定期抽查流程执行情况，对发现的违规行为进行考核处理。

3. 调度自动化主站功能投入运行或旧设备永久退出运行时，未履行相应的手续（行为性违章）

违章内容：违反《国家电网公司电力调度自动化系统运行管理规定》（国网（调/4）335—2014）第二十三条（九）"主站系统投入运行或旧设备永久退出运行，应履行相应的手续"。

应对措施：完善调度自动化系统主站功能投运及退役管理制度，强化系统投运、退运上报审核制度的执行。严肃处置未经上级调度机构同意、擅自开展调度自动化主站功能投入运行或旧设备永久退出运行的工作。

4. 一次设备投运时系统模型、图形、实时数据、台账及参数维护不及时、不准确、不完整（行为性违章）

违章内容：违反《国家电网公司电力调度自动化系统运行管理规定》（国网（调/4）335—2014）第三十四条（三）"自动化管理部门应在一次设备投产 3 天前，完成调度技术支持系统中电网模型、图形、实时数据的维护等相关工作"。

应对措施：完善主站系统数据管理规范，规范数据维护流程，对数据维护的实时性、正确性、可靠性提出具体要求。加强对投运时数据不完整行为的考核力度。

5. 更改调度自动化数据库原始数据（行为性违章）

违章内容：违反《国家电网公司电力调度自动化系统运行管理规定》（国网（调/4）335—2014）第三十五条（三）"主站数据库内记录的数据都是法定的计量原始数据，不允许任何人改变原始数据"。

应对措施：完善调度自动化系统数据库操作权限管理制度，专人负责数据库管理工作，强化技术管控手段，杜绝对数据库记录的原始数据进行更改。

6. 自动化线缆未设置标牌（行为性违章）

违章内容：违反《调度自动化机房设计与建设规范》（Q/GDW 11897—2018）的 13.1 "自动化机房内的机柜、设备、线缆及其他设施均应采用统一规范的标识标签"。

应对措施：严格按照《调度自动化机房设计及建设规范》（Q/GDW 11897—2018）的要求，强化自动化线缆标牌维护管理。不定期开展抽查工作，对发现的问题立即整改。

7. 业务接入调度数据网时未履行审批手续（行为性违章）

违章内容：违反《国家电网公司电力调度数据网管理规定》（国网（调/4）336—2014）第二十三条"厂站调度数据网设备接入各级接入网时，由建设管理部门填写调度数据网网络设备/应用系统接入申请单，报相应调度机构审批，由调度机构下达调度数据网接入网网络设备/应用系统接入方式单"。

应对措施：严格按照《国家电网公司电力调度数据网管理规定》（国网（调/4）336—2014）的要求，严把申报、审核、批复手续业务，对未履行接入审批手续的行为进行严肃考核。

8. 设备检修工作未及时联系相关电力调度机构自动化值班人员（管理性违章）

违章内容：违反《国家电网公司电力调度自动化系统运行管理规定》（国网（调/4）335—2014）第二十二条（五）"设备检修工作开始前，应与对其有调度管辖权和设备监控权的电力调度机构自动化值班人员联系，得到确认并通知受影响的调度机构自动化值班人员后方可工作。设备恢复运行后，应及时通知以上电力调度机构的自动化值班人员，并记录和报告设备处理情况，取得认可后方可离开现场。"

应对措施：加强检修运维人员管理，开工前汇报自动化值班员拟停运相关系统或装置，并征得同意。完工后，通知自动化值班员核对业务是否正常，确认业务正常后方可离开现场。

9. 发电厂、变电站基建竣工投运时，自动化数据传输通道未开通、未调试或自动化数据未核对（管理性违章）

违章内容：违反《国家电网公司电力调度自动化系统运行管理规定》（国网（调/4）335—2014）第三十六条"发电厂、变电站基建竣工投运时，自动化数据传输通道应保证同步建成投运。"

应对措施：调度机构应加强发电厂、变电站基建竣工验收管理，确保自动化数据传输通道同步建成投运。

10. 调度管理应用（OMS）系统重要业务信息或流程信息保存时间少于 7 年（管理性违章）

违章内容：违反《国家电网公司调度管理应用（OMS）建设运行维护管理规定》（国调（调/4）342—2014）第二十三条"自动化专业处（科）室负责 OMS 维护管理。负责对 OMS 运行中产生的生产信息进行定期备份，确保数据安全，重要业务信息和流程信息至少保存 7 年。"

应对措施：应定期对 OMS 系统运行中产生的生产信息进行定期备份，同时检验备份数据的安全性，确保数据安全，重要业务信息和流程信息至少保存 7 年。

11. 影响调度数据网通道的通信检修工作，未将通信检修工作票提交相关调度机构会签（管理性违章）

违章内容：违反《国家电网公司电力调度数据网管理规定》（国网（调/4）

336—2014）第三十五条"影响调度数据网通道的通信检修工作，通道运行维护部门应将通信检修工作票提交相关调度机构会签"。

应对措施：严格按照《国家电网公司电力调度数据网管理规定》（国网（调/4）336—2014）的要求，完善相关业务流程，对影响调度数据网通信检修工作而未提交相关调度机构会签的应进行严肃考核。

12. 运维时未使用专用运维终端和移动存储介质直接接入调度自动化主站系统（行为性违章）

违章内容：违反《调度自动化主站系统运维行为管控规定（试行）》第十五条"加强外部设备接入管理，应配备专用的运维终端和移动存储介质，并加强恶意代码防护措施"。

应对措施：完善外部设备接入管理流程，加强专用运维终端和移动存储介质管理，并落实专人负责，定期对运维终端和移动存储介质进行恶意代码查杀工作。

13. 自动化设备巡视和检查不及时、不到位（行为性违章）

违章内容：违反《国家电网公司电力调度自动化系统运行管理规定》（国网（调/4）335—2014）第二十条（二）"自动化系统的专责人员应对自动化系统和设备定期进行巡视、检查、测试和记录"。

应对措施：完善自动化设备巡视制度。严格按规定开展巡视、检查工作，并定期抽查制度执行情况和记录情况，对发现的问题要求立即整改。

14. 自动化系统或设备缺陷处理不及时（行为性违章）

违章内容：违反《国家电网公司电力调度自动化系统运行管理规定》（国网（调/4）335—2014）第二十一条（二）"紧急缺陷 4 小时内处理；重要缺陷 24 小时内处理；一般缺陷 2 周内消除"。

应对措施：完善自动化系统或设备缺陷管理制度，明确缺陷处理各方职责，督促有关单位按要求开展消缺工作，实现全过程闭环管控。对不能按要求及时消除的缺陷要上报上级部门进行备案。

15. 调度机构未与外部服务商和个人签订保密协议（管理性违章）

违章内容：违反《国家电网有限公司电力监控系统网络安全管理规定》（国网（调/2）337—2020）第二十八条"运维单位应与外部服务商及人员签订保密协议，人员经安全教育后方可进入现场开展维护工作。"

应对措施：调度机构应加强运维人员准入管理，加强运维人员身份识别，及时与外部服务商和个人签订保密协议，并对其进行安全教育，严格控制其工作范围和操作权限，严防社会工程学攻击。

16. 主站新技术、新功能应用或软件版本涉及重大升级变更时未开展技术论证及试运行（行为性违章）

违章内容：违反《国家电网公司电力调度自动化系统运行管理规定》（国网（调/4）335—2014）第二十条（十）"凡对运行中的自动化系统做重大修改，均应经过技术论证，提出书面改进方案，经主管领导批准和相关电力调度机构确认后方可实施。技术改进后的设备和软件应经过 3～6 个月的试运行，验收合格后方可正式投入运行，同时应对相关技术人员进行培训。"

应对措施：加强新技术、新功能应用，软件版本升级流程管控及方案审查，开展离线环境下的测试验证，做好试运行期间的分析与总结。

17. 自动化系统或设备缺陷分析不到位、未做好缺陷记录（行为性违章）

违章内容：违反《国家电网公司电力调度自动化系统运行管理规定》（国网（调/4）335—2014）第二十一条（五）"缺陷发生和处理过程中，运行维护部门应按照有关管理规定履行汇报职责。缺陷消除后，运行维护部门应做好设备缺陷记录，自动化管理部门应组织相关单位、部门进行消缺验收"。

应对措施：完善自动化系统或设备缺陷分析和管理制度，督促有关单位按要求开展缺陷特别是典型缺陷的分析工作。

二、厂站调度自动化

1. 新建厂站调度自动化系统未通过验收而允许投入运行（装置性违章）

违章内容：违反《国家电网公司电力调度自动化系统运行管理规定》（国网（调/4）335—2014）第二十三条（二）"子站设备应与一次系统同步设计、同步建设、同步验收、同步投入使用"。

应对措施：严格按照厂站调度自动化并网流程管控，随一次设备同步开展前期工作。不满足要求禁止投入运行。

2. 自动化设备巡视和检查不及时、不到位（行为性违章）

违章内容：违反《国家电网公司电力调度自动化系统运行管理规定》（国网（调/4）335—2014）第二十条（二）"自动化系统的专责人员应对自动化系统和设备定期进行巡视、检查、测试和记录"。

应对措施：完善自动化设备巡视制度。严格按规定开展巡视、检查工作，并定期抽查制度执行情况和记录情况，对发现的问题要求立即整改。

3. 自动化系统或设备缺陷处理不及时（行为性违章）

违章内容：违反《国家电网公司电力调度自动化系统运行管理规定》（国网（调/4）335—2014）第二十一条（二）"紧急缺陷 4 小时内处理；重要缺陷 24 小时内处理；一般缺陷 2 周内消除"。

应对措施：完善自动化系统或设备缺陷管理制度，明确缺陷处理各方职责，督促有关单位按要求开展消缺工作，实现全过程闭环管控。对不能按要求及时消除的缺陷要上报上级部门进行备案。

4. 厂站自动化系统或设备未经允许，擅自停电或退出运行（行为性违章）

违章内容：违反《国家电网公司电力调度自动化系统运行管理规定》（国网（调/4）335—2014）第二十二条（六）"厂站一次设备退出运行或处于备用、检修状态时，其子站设备（含 AGC 执行装置）均不得停电或退出运行，有特殊情况确需停电或退出运行时，需提前 3 个工作日按规定办理设备停运申请"。

应对措施：完善厂站自动化系统或设备运行维护管理办法，操作前应经上级机构同意。严禁出现厂站自动化系统未经允许擅自停电或退出运行。

5. 子站新技术、新功能应用或软件版本涉及重大升级变更时未开展技术论证及试运行（行为性违章）

违章内容：违反《国家电网公司电力调度自动化系统运行管理规定》第二十条（十）"凡对运行中的自动化系统做重大修改，均应经过技术论证，提出书面改进方案，经主管领导批准和相关电力调度机构确认后方可实施。技术改进后的设备和软件应经过 3～6 个月的试运行，验收合格后方可正式投入运行，同时应对相关技术人员进行培训。"

应对措施：加强新技术、新功能应用，软件版本升级流程管控及方案审查，开展离线环境下的测试验证，做好试运行期间的分析与总结。

6. 自动化系统或设备缺陷分析不到位、未做好缺陷记录（行为性违章）

违章内容：违反《国家电网公司电力调度自动化系统运行管理规定》第二十一条（五）"缺陷发生和处理过程中，运行维护部门应按照有关管理规定履行汇报职责。缺陷消除后，运行维护部门应做好设备缺陷记录，自动化管理部门应组织相关单位、部门进行消缺验收"。

应对措施：完善自动化系统或设备缺陷分析和管理制度，督促有关单位按要求开展缺陷特别是典型缺陷的分析工作。

三、电力监控系统安全防护

1. 在电力监控系统上工作未填用电力监控工作票（管理性违章）

违章内容：违反《国家电网公司电力安全工作规程（电力监控部分）》第 3.3.2 条："应填用电力监控工作票的工作为：电力监控主站系统软硬件安装调试、更新升级、退出运行、故障处理、设备消缺、配置变更，数据库迁移、表结构变更、传动试验、AGC/AVC 试验等工作。电力监控子站系统软硬件安装调试、更新升级、退出运行、故障处理、设备消缺、配置变更，数据库迁移、表结构变更、监控信息联调、传动试验、设备定检等工作"。

应对措施：工作人员参加电力监控工作时，应按照《国家电网公司电力安全工作规程（电力监控部分）》的要求，正确填用电力监控工作票。

2. 允许未经考试合格的外来作业人员对电力监控系统进行维护工作（管理性违章）

违章内容：违反《国家电网公司电力安全工作规程（电力监控部分）》第 2.1.4 条："参与公司系统所承担电力监控系统工作的外来作业人员应熟悉本规程，经考试合格，并经电力监控系统运维单位（部门）认可后，方可参加工作"。

应对措施：外来作业人员参与电力监控系统相关工作前，应按照规定考试合格，并经电力监控运维单位（部门）认可。

3. 一个工作负责人同时执行多张电力监控工作票（行为性违章）

违章内容：违反《国家电网公司电力安全工作规程（电力监控部分）》第 3.3.5.1 条："一个工作负责人不能同时执行多张电力监控工作票"。

应对措施：严格执行电力监控工作票的使用规程，完成工作票终结手续后方可进行下一张工作票的工作，对电力监控工作票所列人员加强考核与安全责任宣贯。

4. 未按规定对工作票签发人、工作负责人进行电力监控安规及相关安全知识考试并书面公布（管理性违章）

违章内容：① 违反《国家电网公司电力安全工作规程（电力监控部分）》第 3.3.7.1 条："工作票签发人应由熟悉人员技术水平、熟悉电力监控系统情况、熟悉本规程并经本单位批准的人员担任。工作票签发人员名单应公布。检修单位的工作票人名单应事先送相关运维单位备案。② 违反《国家电网公司电力安全工作规程（电力监控部分）》第 3.3.7.2 条：工作负责人应具有本专业工作经验、熟悉工作范围内电力监控系统情况、熟悉本规程、熟悉工作班人员工作能力，并经本部门批准的人员担任，名单应公布。检修单位的工作负责人名单应事先送相关运维部门备案。

应对措施：电力监控运维部门应按照规定对工作票签发人、工作负责人组织培训和考试，并公布符合要求、熟悉规程、通过考试的人员。

5. 电力监控系统生产控制大区纵向认证、横向隔离设备未经允许，擅自将设备退出运行或直接短接（行为性违章）

违章内容：违反《国家电网有限公司安全事故调查规程》的 4.3.8.14（4）的规定，"生产控制大区或安全Ⅲ区与互联网直连，或生产控制大区的纵向认证、横向隔离被突破"构成八级设备事件。

应对措施：完善电力监控系统网络安全防护设备运行维护管理流程，明确工作流程，操作前应经相关调度机构同意。严禁安全防护设备未经允许擅自退出运行或直接短接。有特殊情况确需退出运行时，需提前 3 个工作日办理设备检修申请。

6. 调度数据网网络结构调整或参数修改时未履行审批手续（行为性违章）

违章内容：违反《国家电网公司电力调度自动化系统运行管理规定》第三十七条"各级电力调度机构对调度数据网骨干网进行网络结构调整或参数修改时，应报上级电力调度机构审批。新接入调度数据网的单位或网络接入单位对网络结构进行调整时，应报主管电力调度机构审批。"

应对措施：严格按照《国家电网公司电力调度自动化系统运行管理规定》的要求，严把申报、审核、批复手续业务，对未履行变更审批手续的行为进行严肃考核。

第三节 事 故 案 例 分 析

【案例一】擅自工作，造成系统所有数据停止刷新，监控功能失效，转发上级调度通信中断

1. 事故经过

×月×日 9 时 15 分，××公司调通中心自动化处作业人员开始对计划好的变电站接入调试工作。9 时 37 分，接入工作正在进行中，又分别接到下属两

个供电公司要求核对相关厂站信号的电话。作业人员同时与三方人员并行工作。10 时 12 分，自动化值班人员通知作业人员，一台前置机运行不正常，要求作业人员进行处理。作业人员检查发现前置机板卡存在问题，于是准备好备件，检查另一台前置机功能和数据正常后，10 时 33 分直接停掉了异常的前置机并进行处理。正在更换板卡时，另一台前置机黑屏宕机，系统所有数据停止刷新，监控功能失效，转发上级调度通信中断。调控中心有操作不能进行，上级调度电话随即询问数据转发中断。自动化处领导和其他技术人员赶到后，立即重启宕机前置机。前置机重启后，硬件显示正常，但部分程序损坏。经软件恢复，11 时 47 分，启动系统，运行恢复。

2. 违章分析

（1）未建立规范的工作制度：工作前不申请，工作不填写工作票，没有得到同意就擅自工作，未向值班人员介绍工作情况。

（2）自动化人员安全意识淡薄：相关人员思想认识错误，工作随意性大，处理故障前未通知值班人员和相关部门人员和上级调度单位。

（3）未有必要的工作协调和监护：值班人员应有权评估工作情况，若工作任务多、工作人员少、工作现场混乱，可有权中止相关工作，并向上级汇报和协调。

3. 防止对策

（1）建立规范的工作票制度，规范工作流程，进行相关工作前需申请并通知相关部门。

（2）建立工作监护制度，防止误操作，扩大系统事故。

（3）进行适当的授权，工作人员、值班人员可有权对现场影响安全的工作进行干预和中断。

【案例二】系统新应用软件测试时管理不到位，造成系统性能异常

1. 事故经过

××公司××调度中心更新一套调度管理系统，委托××公司开发，经过系统测试后投入运行。在试运行 1 个月后，发现随着接入工作站数量的增加，工作站画面刷新速度越来越慢，系统运行效率越来越低。分析认为，系统访问数据库用到的中间件存在瓶颈，当连接工作站数量达到 45 个时，就会出现阻塞，需要按队列顺序进行访问；系统随着接入工作站数量的增加，访问速度越来越慢，最终导致系统瘫痪。

2. 违章分析

（1）系统测试方案侧重于功能测试，对系统的性能测试不是太注重。

（2）测试系统新的应用软件时管理不到位，造成系统性能异常。

3. 防止对策

（1）功能软件升级或新加系统功能软件前，应制定详细可行的测试方案。测试方案既要保证系统功能完善又要保证系统性能指标达到设计要求，应充分论证系统的测试方案。

（2）测试系统的性能时，应模拟系统最大容量情况，而不是只找几个点进行测试。如果条件允许，最好进行一对一测试。

【案例三】违反操作规程，造成汇流排短路

1. 事故经过

××施工队在××机房进行电源安装施工时，施工人员进行汇流排的接头安装。接头是用螺丝拧固，该施工人员拧完最后一个螺丝后随手将活动扳手放到了两根平行的铜排上面。后来发现自己的扳手没有了，也没有再仔细寻找。工程各项安装工作完成后要通电，结果刚一加电，活动扳手将铜排短路，短路电流产生的高温将活动扳手焊在了汇流排上，造成了相间短路，汇流排被电流打掉了一块。

2. 违章分析

（1）没有进行作业风险辨识，并采取有效的控制措施。

（2）违反操作规程。扳手等工具随意乱放，属于习惯性违章。

（3）在电源设备上工作，活动扳手没有用绝缘胶带缠绕，进行绝缘处理。

（4）通电前没有认真检查和清理工具，也没有进行严格的绝缘测试。

3. 防止对策

（1）制定完善的标准化作业指导书，明确危险点和风险控制措施。

（2）要经常检查安全生产管理制度和安全技术防止对策是否全部执行到位。

（3）要加对习惯性违章的督查力度，发现有违章现象的要及时处理，立即纠正。

（4）经常进行有针对性的安全生产培训教育，不断提高员工的安全技能。

【案例四】驱动程序误接入生产控制Ⅰ区的防误主机，发生违规外联，引发网络安全监测装置告警，对生产控制大区网络安全造成威胁

1. 事故经过

×月×日，××公司变电运维人员在220kV××变电站进行站内指纹识别装置调试时，原计划将手机下载的驱动程序通过USB连接方式传输至指纹识别专用电脑，但误接入相邻的防误主机（生产控制Ⅰ区），发生违规外联，引发网络安全监测装置告警，对生产控制大区网络安全造成威胁，且性质严重。事件发生后，公司领导高度重视，要求严格事件查纠、剖析问题原因，部署整改防范措施。

2. 违章分析

（1）网络安全意识不到位。变电运维人员对生产控制大区网络安全重要性认识不足，风险意识缺乏，在未核对所插主机是否正确的情况下随意接入手机，造成违规外联。

（2）网络安全防护措施不到位。变电站防误主机USB端口未按要求封禁，且与指纹识别专用电脑混合摆放、未张贴明显标识标签，存在安全隐患。

（3）规章制度执行不到位。运维单位未认真执行《国家电网公司电力监控系统网络安全运行管理规定》《国家电网公司电力安全工作规程（电力监控部分）》中关于严格控制生产控制大区移动介质接入的相关要求，且现场工作准备不充分、组织不细致、监护不到位。

（4）隐患排查治理不到位。运维单位未能及时排查整治防误主机USB接口未禁用隐患，造成隐患长期存在，反映出安全生产专项整治行动开展不深入、不彻底等问题。

3. 防止对策

（1）认真落实管理要求。按照"四不放过"原则，深入剖析事件在管理、运维、技术等方面的深层次问题，举一反三，全面排查整改网络安全隐患，坚决杜绝类似事件再次发生。

（2）开展专项隐患排查整治。对变电站内监控主机、防误主机、辅控主机、一键顺控主机等各类设备主机空闲端口采取配置关闭和物理封堵措施，对站内各类设备主机进行分区布置并张贴明显标识标签。

（3）强化安全防范意识。开展网络安全专题学习，认真吸取事件教训，提高全员网络安全意识，压紧压实各层级网络安全责任。

（4）严格落实电力监控系统安全防护要求。严格执行《国家电网公司电力监控系统网络安全管理规定》《国家电网公司电力安全工作规程（电力监控部分）》等的要求，确保系统、业务和数据安全。

认真落实公司安全生产工作意见，以安全生产专项整治行动为抓手，强化网络安全监督检查，严格防范网络安全事件。

【案例五】自动发电控制（AGC）功能由于升级工作运维操作不当，导致新能源快速减出力，引起电网频率越下限，最低跌至 49.75Hz

1. 事件经过

×月×日，为满足新增业务需求，××公司开展 AGC 功能升级工作。15:00，运维人员开始在备机上部署升级程序。15:26，因操作失误，误将数据库表修改指令在主机上执行，造成程序指令异常，致使主/备机自动切换，备机切换成主机后下发错误控制指令，导致新能源发电出力速降 192 万 kW，电网频率最低跌至 49.75Hz。事件发生后，××省调立即暂停 AGC 功能，迅速组织全网电源增加出力，15:30 电网频率恢复至正常水平。

2. 违章分析

（1）对电网控制类功能的重要性认识不足。安全意识薄弱，防误技术措施、安全管控措施等落实不到位。

（2）系统管理不到位。××公司 AGC 功能的运维未纳入自动化专业管控范畴，调度处在本次事件过程中规程规定执行不到位，未对技术方案进行安全评估，运维操作未安排专人实施全过程监护。

（3）软件功能存在缺陷。新能源自动控制软件防误功能不健全，缺乏控制指令安全校验机制，下发功率超过阈值未闭锁指令。运行主机数据库无闭锁保护机制。

3. 防止对策

（1）加强责任落实。充分认识电网控制功能对电网安全的极端重要性，深刻理解调度自动化系统对新型电力系统构建的关键作用。督促各公司在新型电力系统及地区 AGC 建设初期做好地调 AGC 功能的管控，开展电网调度运行控制类功能专项核查。

（2）加强建设管理。明确自动化专业在系统建设中的归口管理职责，协同各专业处室做好功能设计与应用实践，切实提高系统建设水平。明确责任主体，实施闭环管理，对系统建设各环节进行跟踪、分析、检查与评估，切实提高系统精益化管理水平。

（3）加强运维管理。严格执行《调度自动化主站系统运维行为管控规定（试行）》（调自〔2021〕18号），将控制类功能运维操作全部纳入关键操作进行管理，严格执行操作监护、双重验证，落实作业组织、风险辨识、过程管控、现场监护、防误措施等要求，确保运维操作安全可靠。

（4）加强技术支持人员管理。开展控制类功能程序技术支撑人员的资质审查，督促研发厂家定期组织相关管理制度学习和技能培训，建立持证上岗制度，提高履职能力。

【案例六】监控主机违规接入手机，发生告警，由网络安全监测装置采集并上传至地调、省调网络安全管理平台，后上传至国调网络安全监测平台

1. 事故经过

×月×日15时49分，××电厂××监控主机探针捕捉告警，由网络安全监测装置采集并上传至×地调、××省调网络安全管理平台，后上传至国调网络安全监测平台，告警内容为监控主机插拔USB存储设备，设备厂商为×××，设备名称为×××。

15时51分，×网安值班监测到该条告警。经过上网查询，确认为×品牌手机，网安值班台立即通知××电厂排查处置，向省调网安专责汇报，并向省调调度台汇报××电厂网络安全告警情况。经核查，发生告警的设备为一台监控主机，用于电厂网络安全监测装置的就地监视。

15时56分，××省调网安专责通知网络运维人员，立即断开××电厂调度数据网网络，并于15时58分左右完成断网操作。

16时02分，××电厂现场排查确认监控主机USB接口确实连接一台×品牌手机，随后立即将其拔除。

经过询问，××电厂厂家值班人员因手机使用没电后，将××品牌手机通过数据线连接至监控主机USB接口充电，××电厂值班人员到达现场后立即将其拔除。

2. 违章分析

（1）因××电厂主机安装过程中多次对监控主机进行移位，可能导致USB

封堵头在移位过程中掉落。

（2）厂家值班人员因网络安全意识淡薄、电力监控安全防护意识淡薄，未意识到自己行为可能对电网网络安全造成极大的安全风险，威胁电网安全。

（3）××电厂作为业主单位，对现场人员管理不到位，监督不到位，虽然已制定《外部人员访问控制管理规定》《××电厂电力监控系统设备安全防护管理规定》等相关管理制度，但在对外来人员的现场安全技术交底方面未做实做细，导致此次网络安全违规事件的发生。

3. 防止对策

（1）对××电厂相关责任人进行约谈，剖析告警原因，落实整改工作，并进一步宣贯电力监控系统网络安全"十禁止"等工作要求，同时将××电厂违规外联情况报送省能监办。

（2）要求××电厂在集控室醒目位置张贴警示告知牌（禁止在任一工控机上外接非专用设备如手机、U 盘、电脑等），对工控机接口（表面标识有"禁止使用"）进行封堵，加强外来人员的现场安全技术交底和安全管理。

（3）组织其他电厂学习该典型案例，提高网络安全意识，并引以为鉴。

第七章

班 组 安 全 管 理

第一节 班组日常安全管理

自动化班组的安全职责如下：

（1）贯彻落实"安全第一、预防为主、综合治理"的方针，按照"三级控制"制定本班组年度安全生产目标及保证措施，布置落实安全生产工作，并予以贯彻实施。

（2）执行各项安全工作规程，开展作业现场危险点预控工作，执行"二票三制"；执行检修规程及工艺要求，确保生产现场的安全，保证生产活动中人员与设备的安全。

（3）做好班组管理，做到工作有标准，岗位责任制完善并落实，设备台账齐全，记录完整。制定本班组年度安全培训计划，做好新入职人员、变换岗位人员的安全教育培训和考试。

（4）开展定期安全检查、隐患排查、安全生产月和专项安全检查等活动。积极参加上级各类安全分析会议、安全大检查活动。

（5）开展班前会、班后会，做好出工前"三交三查"工作，主动汇报安全生产情况。

（6）组织开展每周（或每个轮值）一次的安全日活动，结合工作实际开展经常性、多样性、行之有效的安全教育活动。

（7）开展班组现场安全稽查和自查自纠工作，制止人员的违章行为。

（8）定期组织开展安全工器具及劳动保护用品检查，对发现的问题及时处理和上报，确保作业人员工器具及防护用品符合国家、行业或地方标准要求。

（9）执行现场作业标准化，正确使用标准化作业程序卡，参加检修、施工等工作项目的安全技术措施审查，确保所辖设备检修、大修、业扩等工程的施工安全。

（10）加强所辖设备（设施）管理，组织开展电力设施的安装验收、巡视检查和维护检修，保证设备安全运行。定期开展设备（设施）质量监督及运行评价、分析，提出更新改造方案和计划。

（11）执行电力安全事故（事件）报告制度，及时汇报安全事故（事件），保证汇报内容准确、完整；做好事故现场保护，配合开展事故调查工作。

（12）开展技术革新，合理化建议等活动，参加安全劳动竞赛和技术比武，促进安全生产。

第二节 作业安全监督

一、自动化管理安全监督

1. 建立健全并严格执行国家电网公司相关管理制度：《电力调度自动化系统运行管理规定》《电力调度数据网管理规定》《电力监控系统安全防护管理规定》《备用调度自动化系统运行管理工作规定》。

2. 日常管理

（1）贯彻落实上级调度机构的技术方向、技术政策，执行上级有关自动化系统的各项规程、制度和标准，并根据本单位实际情况制定实施细则。

（2）建立健全自动化设备台账，自动化技术资料应包括设备参数、整定资料、技术联系单、技术规程、技术文件，内容必须齐全、正确，并统一存档。智能变电站 SCD 配置文件应纳入管控系统统一管理，以确保 SCD 等配置文件的存储安全和版本受控。

（3）根据自动化系统发展规划，综合考虑电网发展、运行环境、设备运行情况、新技术推广要求等因素，有计划地落实自动化系统、设备的技术改造和大修工作，专业技术人员参与技术改造、大修项目的评审工作。

（4）运行维护、值班人员必须经过专业培训及考试，合格后方可上岗。

（5）积极开展自动化从业人员的技术培训，要求制定年度培训计划并严格执行，督促自动化运行、检修单位开展技术培训，提升自动化专业队伍的整体水平。

（6）参与电网使用方（包括新建、改建和扩建）接入系统（含涉网二次系统）的可研、初设和设计审查，并提出要求。参与设备受电前验收工作。

3. 技术管理

（1）自动化系统和设备配置应符合相关规程、技术标准和反措文件的有关规定。

（2）自动化系统接入信息应满足相关规程、标准及功能应用的要求，并保证基础数据的实时性、准确性和可靠性。

（3）在异地建设独立于主调的备调技术支持系统，实现对主调实时业务、技术支持系统、实时数据采集、值班设施的实时备用。

（4）自动化系统出现故障、异常情况时，应根据运行管理规定向上级电力调度机构汇报。

（5）规范开展监控信息接入管理，每年迎峰度夏前全面开展监控信息"三核对"工作。

（6）掌握本单位自动化系统和设备的运行情况，定期开展运行分析工作，对直接调度管辖的设备缺陷情况进行跟踪分析，对存在的问题提出改进意见，监督相关部门及时处理装置出现的缺陷，处理结果应及时闭环。

（7）建立健全自动化技术监督网络，积极开展技术监督活动，对技术监督和安全检查发现的问题实施闭环管理，动态跟踪直到问题得到整改。

（8）建立自动化核心业务流程及标准操作程序并上线运转。

（9）自动化系统软件和数据应实时或定期备份，具备系统故障恢复措施，定期进行自动化系统应急演练或模拟验证。

（10）智能变电站监控系统新（改、扩）建工程应按照《智能变电站一体化监控系统技术规范》（Q/GDW 10678—2018）开展。

4. 电力监控系统安全防护管理

（1）电力监控系统结构应满足"安全分区、网络专用、横向隔离、纵向认证"的要求。

（2）应设置电力监控系统安全防护组织机构，设立电力监控系统安全防护专职人员。

（3）应建立电力监控系统安全防护方案，且须经对其有调度管辖权的电力调度机构批准后方可实施。

（4）发生电力监控系统安全事件时，应及时向主管的电力调度机构报告。

（5）电力监控系统服务外包的运行单位应与服务提供单位签订保密协议。

（6）定期（每两年）开展电力监控系统安全评估工作，形成分析报告，并落实安全评估问题整改工作。

（7）已运营（运行）的二级以上的电力监控系统，应当在安全保护等级确定后 30 日内完成所在地设区的市级以上公安机关办理备案手续。新建二级以上的电力监控系统，应当在投入运行后 30 日内完成所在地设区的市级以上公安机关办理备案手续。

二、自动化调试安全监督

1. 工作前的准备

（1）接受工作任务后，在开始工作前应了解工作地点，工作范围，一次设备及二次设备运行情况，安全措施，试验方案，上次试验的记录、图纸、资料、数据备份等是否齐备并符合实际；检查仪器、仪表等试验设备是否完好；检查所需备品备件是否正确、充足。

（2）按《安规》规定开具工作票，填写设备实际情况，制定二次工作安全措施票。检修需停役相关自动化设备（或光缆）的，须提前办理相关停役手续并上报。

（3）涉及较为复杂的工作项目，工作负责人或工作票签发人应组织现场勘察，填写现场勘察记录，编制切合实际、"三措"齐全的施工方案和二次工作安全措施票，根据审批的权限，报上级有关部门审批，并组织学习落实。

（4）处理设备缺陷前应掌握设备缺陷部位及缺陷产生的原因，制订针对性的处理措施。

（5）开工前，工作负责人组织召开班前会，工作班全体人员列队并面向工作地点，进行"三交三查"。工作班全体人员无疑义后逐一签名，方可进入现场。

2. 保证安全的组织措施和技术措施

（1）进入电气设备区域内工作，必须执行工作票制度。

（2）按有关规定正确填写和签发工作票。工作票签发人应对工作票中所列工作内容的必要性和安全性，所填安全措施是否正确完备，所派工作负责人和工作班人员是否适当和充足等负责。

（3）工作负责人会同工作许可人到现场检查所做的安全措施，对具体的设备指明实际的隔离措施，指明带电设备的位置和工作过程中的注意事项后，方可在工作票上分别确认、签字，许可工作。

（4）工作许可手续完成后，工作负责人应向工作班成员交代工作内容、人员分工、带电部位和现场安全措施，进行危险点告知并履行确认手续，工作班方可开始工作。工作负责人应始终在工作现场，认真监护工作班人员的安全，及时纠正不安全的行为。

（5）在未办理工作终结前，不得擅自变更和拆除按工作票布置的安全措施。

3. 现场作业

（1）现场工作前，检查已做的安全措施是否符合要求，运行设备和检修设备之间的隔离措施是否正确完善，工作时应仔细核对检修设备名称，严防走错间隔。在全部或部分带电的运行屏（柜）上进行工作时，应将检修设备与运行设备前后以明显标志隔开。

（2）所有工作人员（包括工作负责人）不许单独进入、滞留在高压室内和室外高压设备区内。若工作需要（如测量极性、回路导通试验等），且现场设备允许时，可以准许工作班中有实际经验的一个人或几人同时在其他室进行工作，但工作负责人应在事前详尽告知有关安全注意事项。

（3）在运行设备的二次回路上进行拆、接线工作，需断开、短接和恢复同运行设备有联系的二次回路工作，应使用二次工作安全措施票，并在工作结束前逐项恢复至工作许可时的状态。作业时应在有人监护下进行工作。

（4）需要变更工作班成员时，应经工作负责人同意，在对新的作业人员进行安全交底手续后方可进行工作。非特殊情况不得变更工作负责人，如确需变更工作负责人应由工作票签发人同意并通知工作许可人，工作许可人将变动情况记录在工作票上。工作负责人允许变更一次。原、现工作负责人应对工作任务和安全措施进行交接。

（5）工作间断时，工作班人员应从工作现场撤出，每日收工时应清扫工作地点，开放已封闭的通道，并电话告知工作许可人。若工作间断后所有安全措施和接线方式保持不变，工作票可由工作负责人执存。次日复工时，工作负责人应电话告知工作许可人，并重新认真检查以确认安全措施是否符合工作票要求。间断后继续工作，若无工作负责人或专责监护人带领，工作人员不得进入工作地点。

（6）工作期间，工作负责人不得离开现场。若因故确需暂时离开工作现场时，应指定另一位能胜任的工作人员临时代替，将工作现场交代清楚，并告知工作班成员。原工作负责人返回时，也应履行同样的交接手续。若工作负责人必须长时间离开工作现场时，应由工作票签发人变更工作负责人，履行变更手续，并告知全体工作人员及工作许可人。原、现工作负责人应做好必要的交接。

（7）在现场工作过程中，遇到异常情况（如直流系统接地等）或断路器跳闸，应立即停止工作，保持现状；待查明原因，确定与本工作无关并得到运维人员许可后方可继续工作。若异常情况或断路器跳闸是本身工作引起，应保留现场，立即通知运维人员，以便及时处理。

在电流互感器二次回路上带电连接远动设备时，严防电流互感器二次侧开路，严禁在电流互感器与短接端子之间的回路和导线上进行任何工作。工作中不得将回路的永久接地点断开，工作时要有专人监护，使用绝缘工具。

（8）在电压互感器二次回路上带电连接远动设备时，防止短路和接地，应使用绝缘工具或手套，必要时工作前停用有关保护装置。

（9）当远动设备或交换机采用站内直流供电时，应防止直流接地和短路。

（10）在 RTU"三遥"与继电保护有触点串（并）联关系的接线或端子上工作时，以及在采用综合自动化的设备上工作时，必须与继电保护专责人员取得联系，协同工作，遵守继电保护的有关规定。

（11）雷雨天气，应停止工作，禁止触摸光纤设备，防止架空光纤线路引雷触电。

（12）执行移动电脑使用规定，严防违规外联。监控系统工作或数据库修改前必须做好数据备份，工作结束及时做好归档工作。

（13）智能变电站智能终端设备变电后及时修改 SCD 文件，做好数据备份并严格执行智能变电站 SCD 文件管控流程。

（14）工作前应精心准备，将试验步骤、试验方法、试验标准写入《作业指导书》并严格执行，对试验数据进行详细记录和分析。

（15）工作前对外来工作人员（含厂方）进行规范的安全知识教育及安全措施交底，工作中专人监护，其工作活动范围必须在监护人的监护范围内。

（16）按照二次安全措施票"恢复"栏内容逐项恢复、记录。工作负责人应按照二次工作安全措施票，再进行一次全面核对，复查临时接线全部拆除，断开的接线全部恢复，图纸与实际接线相符，标志正确。

4. 工作终结

（1）现场工作结束前，工作负责人应会同工作人员检查检验记录。确认检验无漏试项目、试验数据完整、检验结论正确后，才能拆除试验接线。

（2）工作结束，全部设备和回路应恢复到工作开始前状态。清理现场、人员撤离后，工作负责人应向运维人员详细进行现场交代，填写检修工作记录。主要内容有检验工作内容、整定值变更情况、二次接线变化情况、已经解决问题、设备存在的缺陷、运行注意事项和设备能否投入运行等。经运维人员检查无误后，双方签字确认工作终结。

（3）工作终结后应召开班后会，总结讲评当班工作和安全情况，表扬遵章守纪，批评忽视安全、违章作业等不良现象，并做好记录。

三、电力监控系统安全防护设备接入调试安全监督

1. 工作前的准备

（1）接受工作任务后，在开始工作前应了解工作地点，工作范围，电力监控系统系统或设备运行情况，安全措施，试验方案，上次试验的记录、图纸、资料、数据备份等是否齐备并符合实际；检查仪器、仪表等试验设备是否完好；检查所需备品备件是否正确、充足。

（2）按《安规》规定开具工作票，填写设备实际情况，制定电力监控系统工作安全措施票。检修需停役相关电力监控系统系统或设备的，须提前办理相关停役手续并上报。

（3）涉及较为复杂的工作项目，工作负责人或工作票签发人应组织现场勘察，填写现场勘察记录，编制切合实际、"三措"齐全的施工方案和电力监控系统工作安全措施票，根据审批的权限，报上级有关部门审批，并组织学习落实。

（4）处理设备缺陷前应掌握设备缺陷部位及缺陷产生的原因，制订针对性的处理措施。

（5）开工前，工作负责人组织召开班前会，工作班全体人员列队并面向工作地点，进行"三交三查"。工作班全体人员无疑义后逐一签名，方可进入现场。

2. 保证安全的组织措施和技术措施

（1）电力监控系统安装调试、检修等作业，工作票签发人或工作负责人认为有必要勘察现场的，应根据工作任务组织现场勘察，并填写现场勘察记录。现场勘察由工作票签发人或工作负责人组织。对涉及多专业、多单位的大型复

杂作业项目，应由项目主管单位（部门）组织相关人员共同参与。

（2）以下工作必须填写工作票，执行工作票制度：电力监控主站系统软硬件安装调试、更新升级、退出运行、故障处理、设备消缺、配置变更，数据库迁移、表结构变更、传动试验、AGC/AVC 试验；电力监控子站系统软硬件安装调试、更新升级，退出运行、故障处理、设备消缺、配置变更，数据库迁移、表结构变更、监控信息联调、传动试验、设备定检等工作。

（3）工作开始前，应对作业人员进行身份鉴别和授权，授权应基于权限最小化和权限分离的原则。

（4）工作开始时应备份可能受到影响的程序、配置文件、运行参数、运行数据和日志文件。

（5）工作开始时应检查工作对象及受影响对象的运行状态验证；在冗余系统（双/多机、双/多节点、双/多通道或双/多电源）中将检修设备切换成非主用状态时，应确认其余主机、节点、通道或电源正常运行。

3. 现场作业

（1）设备、业务系统接入生产控制大区或安全Ⅲ区应经电力监控系统归口管理单位（部门）批准。

（2）生产控制大区拨号访问和远程运维业务应经电力监控系统归口管理单位（部门）批准方可实施，服务器和用户端均应使用经国家指定部门认证的安全加固的操作系统并采取加密、认证和访问控制等安全防范措施。

（3）电力监控系统上工作应使用专用的调试计算机及移动存储介质，调试计算机严禁接入外网。

（4）禁止除专用横向单向物理隔离装置以外的其他设备跨接生产控制大区和管理信息大区。

（5）禁止电力调度数字证书系统接入任何网络。

（6）禁止在电力监控系统中安装未经安全认证的软件。

（7）禁止在电力监控系统运行环境中进行新设备研发及测试工作。

（8）禁止直接通过互联网更新安全设备特征库、防病毒软件病毒库。

（9）电力监控系统投运前应删除临时账号、临时数据，并修改系统默认账号和默认口令。

（10）电力监控系统设备变更用途或退役，应擦除或销毁其中数据。

（11）电力监控系统的过期账号及其权限应及时注销或调整。

（12）在电力监控系统上进行板件更换、软件升级、配置修改等工作前，应核对型号、规格及软件版本信息等。

（13）需停电检修的电力监控设备，应将设备退出运行、断开外部电源连接、断开网络连接，并做好防静电措施。

（14）更换电力监控设备的热插拔部件、内部板卡等配件时，应做好防静电措施。

（15）工作过程中需对设备部分参数进行临时修改时，应做好修改前后相应记录，工作结束前应恢复被临时修改的参数。

（16）在电力监控系统上进行传动试验时，应通知被控制设备的运维人员和其他有关人员，并由工作负责人或由其指派专人到现场监视，且做好防误控等安全措施后方可进行。

4. 工作终结

（1）现场工作结束前，工作负责人应会同工作人员检查检验记录。确认检验无漏试项目、试验数据完整、检验结论正确后，才能拆除试验接线。

（2）工作完成后，工作班应删除工作过程中产生的临时数据、临时账号等内容，确认电力监控系统运行正常，清扫、整理现场，全体工作班人员撤离工作地点。

（3）工作负责人应向工作票签发人交代工作内容、发现的问题、验证结果和存在的问题等，确认无遗留物件后方可办理工作终结手续。

（4）工作终结后，应召开班后会，总结讲评当班工作和安全情况，表扬遵章守纪，批评忽视安全、违章作业等不良现象，并做好记录。

附录 A　现场标准化作业指导书范例

一、D5000 系统平台应用切换标准化作业指导书

编写：＿＿＿＿＿＿＿＿　＿＿＿＿＿＿年　　月　　日

审核：＿＿＿＿＿＿＿＿　＿＿＿＿＿＿年　　月　　日

批准：＿＿＿＿＿＿＿＿　＿＿＿＿＿＿年　　月　　日

作业负责人：＿＿＿＿＿＿＿＿＿＿＿＿

作业日期：＿＿＿＿＿＿年＿月＿日＿时至＿＿＿＿＿＿年＿月＿日＿时

×××× 公司

1 范围

本作业指导书适用于 D5000 系统平台应用切换的操作。

2 规范性引用文件

下列文件对于本文件的应用是必不可少的。凡是注日期的引用文件，仅注日期的版本适用于本文件；凡是不注日期的引用文件，其最新版本（包括所有的修改版）适用于本文件。

《电力监控系统安全防护管理规定》（国家发展和改革委员会令 第 14 号）

《智能电网调度技术支持系统》（Q/GDW 680—2011）

《地区智能电网调度技术支持系统应用功能规范》（Q/GDW Z461—2010）

《国家电网公司电力安全工作规程 变电部分》（Q/GDW 1799.1—2013）

《国家电网公司电力调度自动化系统运行管理规定》（国家电网企管〔2014〕747 号）

《国家电网公司现场标准化作业指导书编制导则（试行）》（国家电网生〔2004〕503 号）

《国家电网公司关于加强安全生产工作的决定》（国家电网办〔2005〕474 号）

《国家电网公司关于开展现场标准化作业的指导意见》（国家电网生〔2006〕356 号）

《国家电网调度控制管理规程》（国家电网调〔2014〕1405 号）

《国家电网公司电力安全工作规程（信息、电力通信、电力监控部分）（试行）》（国家电网安质〔2018〕396 号）

3 作业前准备

3.1 准备工作安排（见表 1）

表 1　　　　　　　　准　备　工　作　安　排

√	序号	内容	标准
	1	根据本次作业项目及作业指导书，全体作业人员应熟悉作业内容、进度要求、作业标准、安全措施、危险点注意事项	要求所有作业人员都明确本次作业内容、进度要求、作业标准及安全措施、危险点注意事项
	2	根据现场工作时间和工作内容填写操作票	操作票应填写正确，并按《浙江电网自动化主站"两票三制"管理规定》相关部分执行

续表

√	序号	内容	标准
	3	作业人员应熟悉 D5000 系统事故处理应急预案	要求所有作业人员均能按预案处理事故；预案必须放置于值班台； 预案必须是按时修订，具有可操作性。事故处理必须遵守《浙江电网自动化系统设备检修流程管理办法（试行）》及《浙江电力调度自动化系统运行管理规范》的规定

3.2 劳动组织（见表 2）

表 2 劳 动 组 织

√	序号	人员名称	职责	作业人数
	1	工作负责人（安全监护人）	1）明确作业人员分工； 2）办理工作票，组织编制安全措施、技术措施，合理分配工作并组织实施； 3）工作前对工作人员交代安全事项，工作结束后总结经验与不足之处； 4）严格遵照《国家电网公司电力安全工作规程（电力监控部分）》对作业过程安全进行监护； 5）对现场作业危险源预控负有责任，负责落实防范措施； 6）对作业人员进行安全教育，督促工作人员遵守《国家电网公司电力安全工作规程（电力监控部分）》，检查工作票所载安全措施是否正确完备，安全措施是否符合现场实际条件	1
	2	技术负责人	1）对安装作业措施、技术指标进行指导； 2）指导现场工作人员严格按照本作业指导书进行工作，同时对不规范的行为进行制止； 3）可以由工作负责人或安装人员兼任	1
	3	作业人员	1）严格依照《安规》及作业指导书要求作业； 2）经过培训考试合格，对本项作业的质量、进度负有责任	根据需要，至少 1 人

3.3 作业人员要求（见表 3）

表 3 作 业 人 员 要 求

√	序号	内容	备注
	1	作业人员经年度《国家电网公司电力安全工作规程（电力监控部分）》考试合格	
	2	人员精神状态正常，无妨碍工作的病症，着装符合要求	
	3	经过调度自动化主站端维护上岗培训，并考试合格的人员	

3.4 技术资料（见表 4）

表 4 技 术 资 料

√	序号	名称	备注
	1	《D5000 系统应用切换技术手册》	
	2	《D5000 系统使用手册——基础平台》	

3.5 危险点分析及预控（见表 5）

表 5 危 险 点 分 析 及 预 控

√	序号	内容	预控措施
	1	应用状态异常时切换会导致系统故障范围扩大	应用切换操作前，应仔细核对系统状态是否正常
	2	超出计划外的应用切换导致系统异常	必须严格按计划切换应用
	3	应用切换不成功导致系统异常	应用切换操作前，应仔细核对主备应用是否正常，应用切换不成功不允许未经检查再次进行切换
	4	频繁切换导致系统异常	所有应用的切换间隔必须大于 5～10min

3.6 主要安全措施（见表 6）

表 6 主 要 安 全 措 施

√	序号	内容
	1	核对系统的运行状态和方式
	2	切换被检修设备至备用状态，再次核对系统运行状态
	3	做好监护工作，防止错误应用切换
	4	严格按照操作步骤进行操作
	5	在工作区域放置警示标志
	6	检查设备供电电源的运行状态和方式

4 流程图

D5000 系统 FES、SCADA、PUBLIC、data_srv 应用切换操作流程图如图 1～图 4 所示。

图 1　D5000 系统 FES 应用切换操作流程图

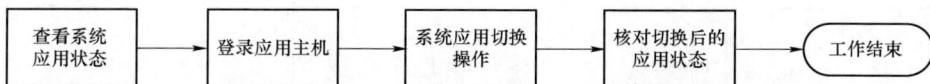

图 2　D5000 系统 SCADA 应用切换操作流程图

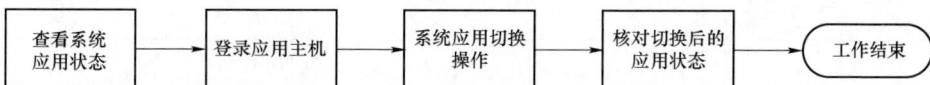

图 3　D5000 系统 PUBLIC 应用切换操作流程图

图 4　D5000 系统 data_srv 应用切换操作流程图

5　作业程序及作业标准

5.1　工作许可

工作票负责人会同工作票许可人检查工作票上所列安全措施是否正确完备，并在工作许可人完成施工现场的安全措施及一起现场核查无误后，与工作票许可人办理工作票许可手续。

5.2　开工检查（见表 7）

表 7　　　　　　　　　　　　开 工 检 查

√	序号	内容	标准及注意事项
	1	工作内容核对	明确本次工作的内容，一般包括切换哪些应用、每个应用的主备节点分布等
	2	操作票检查	操作人与监护人一起检查操作票所列操作步骤是否正确完备
	3	检查系统各节点运行状态	记录各应用节点运行状态，保证各应用主备运行正常后方可开工

5.3 作业项目与工艺标准

5.3.1 D5000 系统 FES 应用切换流程操作（见表 8）

表 8   D5000 系统 FES 应用切换流程操作

√	序号	内容	标准	注意事项
	1	查看系统应用状态	方法一：在 D5000 服务器终端窗口行 showservice 命令，在显示结果中查看各应用主备运行状态； 方法二：启动工作站的总控台，在系统管理界面中查看各应用主备运行状态	
	2	登录应用主机	登录要切换的应用所在的主机	使用系统管理界面切换应用时可省略该步骤
	3	系统应用切换操作	方法一：终端方式下执行命令行 app_switch zjzd1-fes01 fes 3 方法二：使用系统管理界面（sys_adm）进行应用切换	zjzd1-fes01 为服务器名称，fes 是应用名，3 是切为主机，如果切为备机则为 2
	4	核对切换后的应用状态	（1）应用状态核对： 方法一：在 D5000 服务器终端窗口执行 showservice 命令； 方法二：启动工作站的总控台，在系统管理界面中查看各应用主备运行状态。 （2）应用功能核对：在 fes_rdisp 界面中检查所有通道链接是否正常，在 fes_real 界面中检查数据刷新是否正常，核对遥控功能是否正常	做好切换后应用状态的记录

5.3.2 D5000 系统 SCADA 应用切换流程操作（见表 9）

表 9   D5000 系统 SCADA 应用切换流程操作

√	序号	内容	标准	注意事项
	1	查看系统应用状态	方法一：在 D5000 服务器终端窗口执行 showservice 命令，在显示结果中查看各应用主备运行状态； 方法二：启动工作站的总控台，在系统管理界面中查看各应用主备运行状态	
	2	登录应用主机	登录要切换的应用所在的主机	使用系统管理界面切换应用时可省略该步骤
	3	系统应用切换操作	方法一：终端方式执行命令行 app_switch zjzd1-sca01 scada 3； 方法二：使用系统管理界面（sys_adm）进行应用切换	zjzd1-sca01 为服务器名称，SCADA 是应用名，3 是切为主机，如果切为备机则为 2

续表

√	序号	内容	标准	注意事项
	4	核对切换后的应用状态	（1）应用状态核对： 方法一：在 D5000 服务器终端窗口执行 showservice 命令； 方法二：启动工作站的总控台，在系统管理界面中查看各应用主备运行状态。 （2）应用功能核对：可查看一次接线图、总加数据刷新是否正常，核对遥控功能是否正常等	做好切换后应用状态的记录

5.3.3　D5000 系统 PUBLIC 应用切换流程操作（见表 10）

表 10　　　　　　　　　　D5000 系统 PUBLIC 应用切换流程操作

√	序号	内容	标准	注意事项
	1	查看系统应用状态	方法一：在 D5000 服务器终端窗口执行 showservice 命令，在显示结果中查看各应用主备运行状态； 方法二：启动工作站的总控台，在系统管理界面中查看各应用主备运行状态	
	2	登录应用主机	登录要切换的应用所在的主机	使用系统管理界面切换应用时可省略该步骤
	3	系统应用切换操作	方法一：终端方式执行命令行 app_switch zjzd1-agc01 public 3； 方法二：使用系统管理界面（sys_adm）进行应用切换	zjzd1-agc01 为服务器名称，PUBLIC 是应用名，3 是切为主机，如果切为备机则为 2
	4	核对切换后的应用状态	（1）应用状态核对： 方法一：在 D5000 服务器终端窗口执行 showservice 命令； 方法二：启动工作站的总控台，在系统管理界面中查看各应用主备运行状态。 （2）应用功能核对：查看工作站数据刷新、告警等是否正常	做好切换后应用状态的记录

5.3.4　D5000 系统 data_srv 应用切换流程操作（见表 11）

表 11　　　　　　　　　　D5000 系统 data_srv 应用切换流程操作

√	序号	内容	标准	注意事项
	1	查看系统应用状态	方法一：在 D5000 服务器终端窗口执行 showservice 命令，在显示结果中查看各应用主备运行状态； 方法二：启动工作站的总控台，在系统管理界面中查看各应用主备运行状态	

续表

√	序号	内容	标准	注意事项
	2	登录应用主机	登录要切换的应用所在的主机	使用系统管理界面切换应用时可省略该步骤
	3	系统应用切换操作	方法一：终端方式执行命令行 app_switch zjzd1-sca01 data_srv 3； 方法二：使用系统管理界面（sys_adm）进行应用切换	zjzd1-sca01 为服务器名称，data_srv 是应用，3 是切为主机，如果切为备机则为 2
	4	核对切换后的应用状态	（1）应用状态核对： 方法一：在 D5000 服务器终端窗口执行 showservice 命令； 方法二：启动工作站的总控台，在系统管理界面中查看各应用主备运行状态。 （2）应用功能核对：打开 DBI 界面，能否正常读取商用库数据	做好切换后应用状态的记录

5.4 作业完工（见表 12）

表 12 作 业 完 工

√	序号	内容
	1	作业完成后，核对 D5000 系统的应用状态是否与计划一致
	2	对作业中发生的不安全因素进行反思，总结经验，吸取教训

6 作业指导书执行情况评估

作业指导书执行情况评估见表 13。

表 13 作业指导书执行情况评估

评估内容	符合性	优	可操作项	
		良	不可操作项	
	可操作性	优	修改项	
		良	遗漏项	
存在问题				
改进意见				

7 作业记录

D5000 系统平台应用状态记录见表 14。

表 14　　　　　　　　D5000 系统平台应用状态记录

序号	应用名	操作前		操作后		操作人/日期	监护人/日期
1	FES 应用	主机	备机	主机	备机		
2	SCADA 应用	主机	备机	主机	备机		
3	PUBLIC 应用	主机	备机	主机	备机		
4	DATA_SRV 应用	主机	备机	主机	备机		
5	商用数据库	主数据库	备数据库	主数据库	备数据库		

二、变电站监控系统主机检修作业指导书

1 范围

本作业指导书适用于变电站监控系统主机维护、检修工作，包括但不限于新扩间隔、新增"三遥"、改命名、后台配置修改、后台缺陷处理等。

2 规范性引用文件

下列文件对于本文件的应用是必不可少的。凡是注日期的引用文件，仅注日期的版本适用于本文件；凡是不注日期的引用文件，其最新版本（包括所有的修改版）适用于本文件。

（略）

3　作业前准备

3.1　准备工作安排（见表1）

表1　　　　　　　　　　准 备 工 作 安 排

√	序号	内容	标准
	1	开工前准备好工作所需工器具、相关材料、相关图纸等，专用调试笔记本电脑、专用U盘应做好备案	工器具应检验合格，满足本次施工的要求，材料应齐全，图纸及资料应符合现场实际情况，确认专用调试笔记本电脑未连接外网，关闭无线功能
	2	根据本次作业项目及作业指导书，全体作业人员应熟悉作业内容、相关规程、作业标准、安全措施、危险点及注意事项	要求所有作业人员都明确本次工作的作业内容、相关规程、作业标准、安全措施、危险点及注意事项
	3	确认工作范围及厂家、外协人员资质，根据现场工作时间和工作内容填写工作票，确认工作许可手续已完成，进行工作班成员、外协人员、厂家人员交底，并确认签名	确认工作范围内的设备，确认厂家、外协人员已参加《国家电网公司电力安全工作规程（电力监控部分）》考试并合格，准入证在有效期内，工作票应填写正确并让所有作业人员确认签名

3.2　作业人员要求（见表2）

表2　　　　　　　　　　作 业 人 员 要 求

√	序号	内容	备注
	1	作业人员经年度《国家电网公司电力安全工作规程（电力监控部分）》考试合格	
	2	人员精神状态正常，无妨碍工作的病症，着装符合要求	
	3	经过变电站自动化维护上岗培训，并考试合格的人员	

3.3　危险点分析（见表3）

表3　　　　　　　　　　危 险 点 分 析

√	序号	内容	预控措施
	1	后台画面、数据库错误	（1）工作开始前应先备份数据库，备份文件名为"变电站名+日期"； （2）核对"三遥"，查验画面显示及报警窗报文
	2	违规外联	（1）使用U盘备份数据时，临时解封后台机USB口物理封锁，并使用不带无线网卡的专用U盘； （2）使用经备案的专用调试笔记本电脑，并确认未连接外网，关闭无线功能
	3	后台遥控误出口	（1）遥控对点工作开始前，将全站除工作间隔外的其余可遥控对象的远方/就地把手放至就地位置，测控屏遥控出口压板在退出位置。所有隔离开关遥控对象取下遥控出口压板，断开隔离开关交流动力电源及操作电源汇控柜远方/就地位置； （2）画面遥控操作应由值班员进行

续表

√	序号	内容	预控措施
	4	网安告警	作业前通知自动化主站，网安挂检修牌，作业完成后及时告知主站撤销检修牌；使用经备案的专用调试笔记本电脑及专用 U 盘，并确认未连接外网，关闭无线功能

4　流程图

监控系统主机检修作业流程见图1。

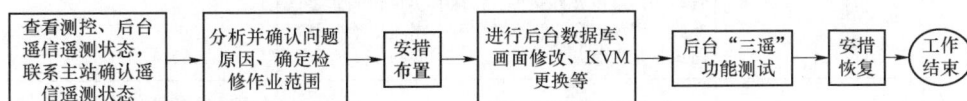

图 1　监控系统主机检修作业流程

5　作业程序及作业标准

5.1　开工检查（见表 4）

表 4　　　　开 工 检 查

√	序号	内容	标准及注意事项
	1	工作内容核对	明确本次检修工作的内容及作业范围，一般包括涉及的间隔名称、缺陷现象、处理办法及具体检修步骤等
	2	工作票检查	工作负责人与工作许可人一道检查工作票所列安全措施是否正确完备，向许可人询问清楚缺陷产生的时间、现象、当时相关工作情况等
	3	备份后台	备份数据库，备份文件名为"变电站名+日期"，备份完成后方可开始工作

5.2　监控系统主机检修流程操作（见表 5）

表 5　　　　　　　　监控系统主机检修流程操作

√	序号	内容	标准	注意事项
	1	查看测控、后台遥信遥测状态，联系主站确认遥信遥测状态	（1）查看后台状态：进入测控界面，查看各模拟量及开关量状态，结合现场实际状态判断有无异常；登录后台监控界面，查看检修范围涉及的遥信遥测状态，结合现场实际状态判断有无异常； （2）联系调度主站，确定主站端各通道的相关遥信遥测状态是否正常	经过分析测控、后台、主站端的状态，定位问题所在的范围，问题定位于后台后执行下述步骤

续表

✓	序号	内容	标准	注意事项
	2	分析并确认问题原因、确定检修作业范围	根据缺陷现象，定位需做修改的画面、数据库、配置文件等	可按照画面、数据库、配置文件的顺序依次排查定位问题，从而确定作业范围
	3	安措布置	（1）联系主站封锁检修范围内相应的遥信、遥测数据，并挂网安检修牌； （2）工作开始前备份数据库，备份文件名为"变电站名+日期"； 后台机的 USB 口及备用网口应用工具封堵，若需使用 U 盘及笔记本电脑，需用经过专业部门备案的 U 盘及笔记本电脑； （4）对于需进行"三遥"核对的检修工作，进行电流、电压及断路器、隔离开关出口回路安措布置，避免电流二次回路开路、电压二次回路短路或接地及误出口	对照前述危险点分析，严格执行各安措布置
	4	进行后台画面、数据库修改、KVM 更换等	（1）画面修改：确认待修改的间隔画面、信号点、遥测点，检查画面中的关联信息，修正画面描述、错误关联； （2）数据库修改： 检查数据库内所有检修间隔的命名，修改错误命名，注意分辨数据库中是否存在同一间隔改造前后新老两个装置； （3）KVM 更换：拆下旧 KVM 设备，更换新 KVM 设备，检查后台显示及鼠标、键盘等输入输出设备是否使用正常	（1）修改检修间隔画面、主画面、光字索引、AVC、电压棒图等所有画面的命名； （2）后台数据库及画面修改完成，检查无缺项、漏项； （3）通过不同源确认修改关联后显示正确； （4）修改后确认双机同步正确； （5）间隔的开关用新调度编号，从后台对间隔开关进行遥控试验
	5	后台"三遥"功能测试	（1）遥信信号核对，保证新增或修改遥信点关联正确；采用源端模拟方式；确实无法模拟的，在核对图纸的情况下，一人操作，一人监护，进行端子短接。 （2）遥测核对，保证新增或修改遥测点关联正确；使用测控校验仪加入遥测量，分别加入不同大小额定值的电压电流以及不同的电压电流角度，观察后台显示一次电流、电压、有功、无功、功率因数值正确。 （3）遥控对点工作开始前，将全站除工作间隔外的其余可遥控对象的远方/就地把手放至就地位置，测控屏遥控出口压板在退出位置；所有隔离开关遥控对象取下遥控出口压板，断开隔离开关交流动力电源及操作电源汇控柜远方/就地位置；遥控预置时确认在对应测控装置上看到预置报文后再遥控执行；画面遥控操作应由值班员进行	（1）具备条件时通过改变一次设备状态进行确认； （2）遥测核对前，做好电流、电压回路隔离，防止误加至运行间隔； （3）画面遥控操作应由值班员进行，遥控一次设备前通知工作负责人，确认一次设备无人工作，做好相关安全措施，并有专人在现场监视设备动作情况
	6	安措恢复	（1）按照安措卡的内容逐一恢复电压端子、电流端子、空气开关、解开的接线、临时短接线，执行后打勾，防止漏恢复； （2）备份修改后的后台数据库； （3）通知自动化主站工作结束，解除对应间隔的数据封锁，取消网安检修牌； （4）恢复后台机等相关设备的 USB 口物理封锁	确认所有设备状态恢复至许可时状态

5.3　作业完工（见表 6）

表 6　　　　　　　　　　作　业　完　工

√	序号	内容
	1	作业完成后，确认装置及监控后台无异常信号
	2	与值班员移交状态

三、变电站测控装置检修作业指导书

1　范围

本作业指导书适用于变电站测控装置维护、检修及更换工作，包括但不限于装置插件更换、版本升级、参数修改、配置修改、功能校验等。

2　规范性引用文件

下列文件对于本文件的应用是必不可少的。凡是注日期的引用文件，仅注日期的版本适用于本文件；凡是不注日期的引用文件，其最新版本（包括所有的修改版）适用于本文件。

（略）

3　作业前准备

3.1　准备工作安排（见表 1）

表 1　　　　　　　　准　备　工　作　安　排

√	序号	内容	标准
	1	开工前准备好工作所需工器具、相关材料、相关图纸等，专用调试笔记本电脑、专用 U 盘应做好备案	工器具应检验合格，满足本次施工的要求，材料应齐全，图纸及资料应符合现场实际情况，确认专用调试笔记本电脑未连接外网，关闭无线功能
	2	根据本次作业项目及作业指导书，全体作业人员应熟悉作业内容、相关规程、作业标准、安全措施、危险点及注意事项	要求所有作业人员都明确本次工作的作业内容、相关规程、作业标准、安全措施、危险点及注意事项
	3	确认工作范围及厂家、外协人员资质，根据现场工作时间和工作内容填写工作票，确认工作许可手续已完成，进行工作班成员、外协人员、厂家人员交底，并确认签名	确认工作范围内的设备，确认厂家、外协人员已参加《国家电网公司电力安全工作规程（电力监控部分）》考试并合格，准入证在有效期内，工作票应填写正确并让所有作业人员确认签名

3.2 作业人员要求（见表2）

表 2 作 业 人 员 要 求

√	序号	内容	备注
	1	作业人员经年度《国家电网公司电力安全工作规程（电力监控部分》考试合格	
	2	人员精神状态正常，无妨碍工作的病症，着装符合要求	
	3	经过变电站自动化维护上岗培训，并考试合格的人员	

3.3 危险点分析及预控（见表3）

表 3 危 险 点 分 析

√	序号	内容	预控措施
	1	电流二次回路开路	运行的电流二次回路端子及装置对应的背板接线用红色绝缘胶布封好，做好安全隔离
	2	电压二次回路短路或接地	运行中的母线电压二次回路端子排及装置对应的背板接线、电压空气开关等用红色绝缘胶布封好，做好安全隔离
	3	误跳运行设备	同屏运行设备的压板、把手、断路器及隔离开关控制回路端子排用红色绝缘胶布封好，做好安措隔离
	4	低压触电	必须正确使用工器具及仪器仪表，所有电动工器具及带电仪器仪表接地线必须可靠接地，接线板必须带漏电保护器
	5	数据跳变	提前联系调度主站进行数据封锁，作业完成后确认数据正常后解除数据封锁
	6	网安告警	作业前通知自动化主站，网安挂检修牌，作业完成后及时告知主站撤销检修牌；使用经备案的专用调试笔记本电脑、U盘，并确认未连接外网，关闭无线功能
	7	配置数据丢失	记录工作范围内的设备型号、版本号、参数配置等内容

4 流程图

测控检修作业流程见图1。

图 1 测控装置检修作业流程

5 作业程序及作业标准

5.1 开工检查（见表 4）

表 4   开 工 检 查

√	序号	内容	标准及注意事项
	1	工作内容核对	明确本次检修工作的内容及作业范围，一般包括涉及的间隔名称、缺陷现象、处理办法及具体检修步骤等
	2	工作票检查	工作负责人与工作许可人一起检查工作票所列安全措施是否正确完备，向许可人询问清楚缺陷产生的时间及现象、当时相关工作情况等
	3	检查测控装置及其遥信遥测状态	记录测控压板、空气开关、把手状态后，方可开工

5.2 测控装置检修流程操作（见表 5）

表 5   测控装置检修流程操作

√	序号	内容	标准	注意事项
	1	查看测控、后台遥信遥测状态，联系主站确认遥信遥测状态	（1）查看测控、后台状态：进入检修测控界面，查看各模拟量及开关量状态，结合现场实际状态判断有无异常；登录后台监控界面，查看检修范围涉及的遥信、遥测状态，结合现场实际状态判断有无异常。 （2）联系调度主站，确定主站端各通道的相关遥信遥测状态是否正常	分析测控、后台、主站端的状态，定位问题所在的范围，问题定位于测控后执行下述步骤
	2	分析并确认问题原因、确定检修作业范围	根据缺陷的现象，定位故障	查找并定位故障：二次回路、插件、程序版本、参数配置等，从而确定作业范围
	3	安措布置	（1）进行电流、电压及断路器、隔离开关出口回路安措布置，避免电流二次回路开路、电压二次回路短路或接地及误出口； （2）联系主站封锁检修范围内的测控装置所涉及的遥信、遥测数据，并挂网安检修牌	对照前述危险点分析，严格布置安措
	4	进行检修作业、插件更换、配置修改等	（1）插件更换：更换插件前拉开装置电源、遥信电源空气开关，做好隔离，采样板涉及的电流电压回路提前做好隔离； （2）参数修改：进入相应菜单完成参数修改； （3）配置修改：厂家使用专用调试笔记本电脑连接测控，完成相应配置修改	（1）插件更换中注意做好隔离，避免电流、电压二次回路异常、误出口及人身触电； （2）参数或配置修改前，记录相关参数并做好备份

续表

√	序号	内容	标准	注意事项
	5	测控"三遥"功能、绝缘测试	（1）根据现场接线及图纸连接电流电压试验线，查验测控装置及监控后台显示是否正确无误，误差是否满足要求； （2）逐一核对测控装置接入的遥信信号，观察测控装置面板、监控后台报文、光字牌显示是否正确； （3）由值班员后台遥控操作，传动具备遥控条件的一次设备（隔离开关、断路器）正确； （4）测试测控相关二次回路对地和回路之间绝缘（交流电流、交流电压、信号回路、控制回路），绝缘数值符合要求	（1）遥控一次设备前通知工作负责人，确认一次设备无人工作，做好相关安全措施，并有专人在现场监视设备动作情况； （2）断开测控相关二次回路（交流电流、交流电压、信号回路、控制回路）与测控装置之间的电气联系，断开端子连片或解开线缆
	6	安措恢复	（1）测控配置文件备份，备份文件名为"测控装置名+日期"； （2）按照安措卡的内容逐一恢复电压端子、电流端子、空气开关、解开的接线、临时短接线，执行后打勾，防止漏恢复； （3）核对测控装置参数与整定单是否一致； （4）通知自动化主站工作结束，解除对应间隔测控数据封锁，取消网安检修牌	确认所有设备状态恢复至许可时状态

5.3 作业完工（见表6）

表6   作 业 完 工

√	序号	内容
	1	作业完成后，确认装置及监控后台无异常信号
	2	与值班员移交状态

四、变电站数据通信网关机检修作业指导书

1 范围

本作业指导书适用于数据通信网关机维护、检修工作，包括但不限于新增遥信、遥测、遥控点号，远动配置文件修改，版本升级，远动插件更换、装置更换等。

2 规范性引用文件

下列文件对于本文件的应用是必不可少的。凡是注日期的引用文件，仅注日期的版本适用于本文件；凡是不注日期的引用文件，其最新版本（包括所有

的修改版）适用于本文件。

（略）

3 作业前准备

3.1 准备工作安排（见表1）

表1 准 备 工 作 安 排

√	序号	内容	标准
	1	开工前准备好工作所需工器具、相关材料、相关图纸等，专用调试笔记本电脑、专用U盘应做好备案	工器具应检验合格，满足本次施工的要求，材料应齐全，图纸及资料应符合现场实际情况，确认专用调试笔记本电脑未连接外网，关闭无线功能
	2	根据本次作业项目及作业指导书，全体作业人员应熟悉作业内容、相关规程、作业标准、安全措施、危险点及注意事项	要求所有作业人员都明确本次工作的作业内容、相关规程、作业标准、安全措施、危险点及注意事项
	3	确认工作范围及厂家、外协人员资质，根据现场工作时间和工作内容填写工作票，确认工作许可手续已完成，进行工作班成员、外协人员、厂家人员交底，并确认签名	确认工作范围内的设备，确认厂家、外协人员已参加《国家电网公司电力安全工作规程（电力监控部分）》考试并合格，准入证在有效期内，工作票应填写正确并让所有作业人员确认签名

3.2 作业人员要求（见表2）

表2 作 业 人 员 要 求

√	序号	内容	备注
	1	作业人员经年度《国家电网公司电力安全工作规程（电力监控部分）》考试合格	
	2	人员精神状态正常，无妨碍工作的病症，着装符合要求	
	3	经过变电站自动化维护上岗培训，并考试合格的人员	

3.3 危险点分析（见表3）

表3 危 险 点 分 析

√	序号	内容	预控措施
	1	全站失去监控	数据通信网关机重启需依次进行，重启前应先告知主站，重启后与主站确认数据恢复正常后方可重启另一台，防止两台数据通信网关机同时断电，远动依次重启完毕后与主站核对通道正常
	2	遥控出口至运行设备	遥控对点工作开始前，将全站除工作间隔外的其余可遥控对象的远方/就地把手放至就地位置，测控屏遥控出口压板在退出位置；所有隔离开关遥控对象取下遥控出口压板，断开隔离开关交流动力电源及操作电源汇控柜远方/就地位置

续表

√	序号	内容	预控措施
	3	数据跳变	提前联系调度主站进行数据封锁，作业完成后确认数据正常后解除数据封锁
	4	网安告警	使用经备案的专用调试笔记本电脑及 U 盘，并确认未连接外网，关闭无线功能
	5	配置数据丢失	检修作业前后均应备份远动配置文件

4　流程图

远动检修作业流程见图 1。

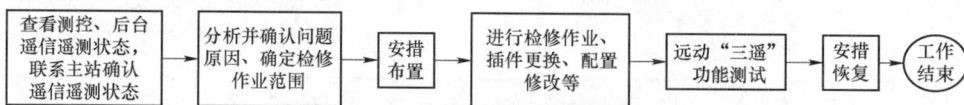

图 1　数据通信网关机检修作业流程

5　作业程序及作业标准

5.1　开工检查（见表 4）

表 4　　　　　　　　　　　　开　工　检　查

√	序号	内容	标准及注意事项
	1	工作内容核对	明确本次检修工作的内容及作业范围，一般包括涉及的间隔名称、缺陷现象、处理办法及具体检修步骤等
	2	工作票检查	工作负责人与工作许可人一起检查工作票所列安全措施是否正确完备，向许可人询问清楚缺陷产生的时间、现象、当时相关工作情况等
	3	备份远动配置文件	检修作业前后均应备份远动配置文件，备份完成后方可开始工作

5.2　数据通信网关机检修流程操作（见表 5）

表 5　　　　　　　　　　数据通信网关机检修流程操作

√	序号	内容	标准	注意事项
	1	查看测控、后台遥信遥测状态，联系主站确认遥信遥测状态	（1）查看远动、后台状态：进入检修远动界面，查看各模拟量及开关量状态，结合现场实际状态判断有无异常；登录后台监控界面，查看检修范围涉及的遥信遥测状态，结合现场实际状态判断有无异常； （2）联系调度主站，确定主站端各通道的相关遥信遥测状态是否正常	分析数据通信网关机、后台、主站端的状态；定位问题所在的范围，问题定位于数据通信网关机后，执行下述步骤

续表

✓	序号	内容	标准	注意事项
	2	分析并确认问题原因、确定检修作业范围	根据缺陷的现象，定位问题所在的数据通信网关机或者数据通信网关机的程序版本、配置问题	按照数据通信网关机插件、配置、程序版本的顺序依次排查定位问题，从而确定作业范围
	3	安措布置	（1）对于涉及"三遥"核对的检修工作，需进行电流、电压及断路器、隔离开关出口回路安措布置，避免电流二次回路开路、电压二次回路短路或接地及误出口； （2）联系主站封锁检修范围内的远动涉及的遥信遥测数据，并挂网安检修牌	对照前述危险点分析严格执行各安措布置
	4	进行检修作业、数据通信网关机插件更换、装置重启或更换、配置修改等	（1）插件更换类：更换插件前拉开装置电源的空气开关，拆除插件上的接线，如接线未固定在插件上，注意记录接线对应位置，拆下的旧插件与新插件进行比对，确认新插件是否适用，检查插件上的跳线等设置；确认插件安装到位，装置上电，检查装置有无告警。 （2）配置修改：确定需要修改的"三遥"配置内容，修改数据通信网关机点表配置，将配置的点表下载到数据通信网关机，两台数据通信网关机轮流重启，重启完毕后确认通道数据是否正常	（1）核对空气开关标签，拉开对应数据通信网关机的直流空气开关； （2）配置修改前，做好修改前参数记录及配置备份； （3）重启数据通信网关机前与各级自动化主站取得联系，封锁全站数据；许可后开始重启，重启后与主站确认数据恢复正常后方可重启另一台，防止两台数据通信网关机同时断电，数据通信网关机依次重启完毕后与主站核对通道是否正常
	5	数据通信网关机"三遥"功能测试	（1）遥信信号核对，保证新增或修改遥信点关联正确；采用源端模拟方式；确实无法模拟的，在核对图纸的情况下，一人操作，一人监护，进行端子短接。 （2）遥测核对，保证新增或修改遥测点关联正确；使用测控校验仪加入遥测量，分别加入不同大小额定值的电压电流以及不同的电压电流角度，观察后台显示一次电流、电压、有功、无功、功率因数值正确。 （3）遥控对点工作开始前，将全站除工作间隔外的其余可遥控对象的远方/就地把手放至就地位置，测控屏遥控出口压板在退出位置；所有隔离开关遥控对象取下遥控出口压板，断开隔离开关交流动力电源及操作电源汇控柜远方/就地位置；遥控预置时确认在对应测控装置上看到预置报文后再遥控执行	（1）具备条件时通过改变一次设备状态进行确认； （2）遥测核对前，做好电流、电压回路隔离，防止误加至运行间隔； （3）画面遥控操作应由值班员进行，遥控一次设备前通知工作负责人，确认一次设备无人工作，做好相关安全措施，并有专人在现场监视设备动作情况
	6	安措恢复	（1）远动数据备份，备份文件名为"变电站名+日期"； （2）确认数据通信网关机、后台主机、自动化主站及监控无异常； （3）通知自动化主站工作结束，解除对应间隔远动数据封锁，取消网安检修牌	确认所有设备状态恢复至许可时状态

5.3　作业完工（见表6）

表6　　　　　　　　　　　　　　　　作 业 完 工

√	序号	内容
	1	作业完成后，确认数据通信网关机及监控后台、测控装置无异常信号
	2	与值班员移交状态

附录 B　作业现场处置方案范例

【方案一】调度自动化系统故障现场处置方案

一、事件特征

（1）关键核心设备同时失电，导致 D5000 系统瘫痪和功能丧失，无法对电网进行实时监视和控制。

（2）各类自然灾害造成通信设施大范围损毁，通信网络结构遭到严重破坏，厂站数据传输通道大面积中断，导致自动化系统丧失对电网实时监视和控制功能。

（3）自动化关键核心设备故障、网络结构破坏，导致自动化系统崩溃、功能丧失或大面积信息中断，无法对电网进行实时监视和控制。

（4）自动化系统和设备由于设计质量问题或误操作等人为因素，导致对电网实时控制功能异常。

二、现场处置

（1）突发事件发生时，自动化值班员应立即电话汇报调度值班和自动化专业组，并启动自动化系统突发事件处置应急预案。

（2）调度值班应通过调度电话等其他手段及时了解电网一次系统运行状况，必要时调整电网调度运行方式，做好异常情况处置准备。自动化专业组组织力量对备用调度自动化系统进行全面检查，做好启用备用调度中心自动化系统准备工作。

（3）经地调主任或分管领导同意后，启动备用调度中心自动化系统应对突发事件工作预案。

（4）备用调度中心自动化系统启用后，进行主、备调自动化值班权交接，立即向上级调度自动化值班员汇报，并通知所有下级调度自动化值班员。备用调度中心自动化系统启用后，原则上只进行事故处理，不再安排设备检修。

（5）组织自动化技术支持工作组和应急工作组对调度自动化系统故障进行全面抢修和维护。抢修小组人员应及时定位故障点，若通道故障则通知信通公司进行通道抢修，若网络设备故障则启用备用设备，若病毒、黑客攻击则执行杀毒、隔离故障设备等安全措施。

（6）组织启动应急值班，开展信息汇总、分析、报送工作，及时向本公司应急领导小组汇报。

三、注意事项

（1）有关人员应急联系的手机必须保持 24h 开机，确保应急处置过程中通信畅通。

（2）合理调配自动化资源，加强设备巡视、监测和值班等工作。

（3）加强备用调度自动化系统日常巡视和维护，确保系统正常运行，做好自动化系统和设备的备品备件管理。

（4）及时向国家电网公司报送自动化系统突发事件情况。

（5）形成事故分析报告，分析事故原因，修正预案处理流程并归档。

【方案二】电力监控系统安全防护故障现场处置方案

一、事件特征

（1）调度自动化所有应用系统出现大规模病毒感染或黑客攻击，导致电力自动化各应用系统无法运行，网络全面瘫痪不能通信。

（2）调度自动化所有应用系统出现大规模病毒感染或黑客攻击，引起网络核心设备无法正常工作，网络通信中断。

（3）调度自动化系统受到病毒感染或黑客攻击，造成自动化多个应用系统大面积瘫痪，多个应用系统无法运行，网络不能通信。

（4）网络安全管理平台出现大量恶意地址或高危端口的异常访问，短时间内向调度自动化系统的大量扫描或攻击行为，或其他感染恶意代码的异常行为等。

二、现场处置

（1）自动化值班人员发现异常后，快速定位被感染设备，核实设备类型、是否承载生产业务、是否有备用服务器、机房位置等信息。

（2）如涉及主机数量较少且未扩散，可通过拔出主机网线、关停上联交换机端口等方式断开被感染主机所有网络。

（3）如涉及主机数量较多或存在扩散趋势，则通过断开业务交换机、数据网交换机、横向隔离装置连接等方式切断安全区之间的传播途径。

（4）根据业务影响情况决定是否切换至备调系统。

（5）若电力监控系统安全防护故障导致调度自动化系统无法对电网进行实时监视和控制，自动化值班应立即电话汇报调度值班，并启动自动化系统突发事件处置应急预案。

（6）调度值班应通过调度电话等其他手段及时了解电网一次系统运行状况，必要时调整电网调度运行方式，做好异常情况处置准备。

（7）立即向调控中心专业处室汇报，并逐级汇报至分管领导，同时根据涉及业务通知对应处室联络人。

（8）对涉及主机进行病毒查杀、配置检查，并对同网段内其他主机进行同步检查，确认是否存在感染情况。确认恶意代码已全部清除并做好主机加固后方可恢复入网。

（9）组织渗透测试人员对恶意代码文件进行分析溯源。

三、注意事项

（1）有关人员应急联系的手机必须保持 24h 开机，确保应急处置过程中通信畅通。

（2）做好自动化系统和设备的备品备件管理。

（3）调度自动化系统实现了与上级电力调度自动化系统和本省范围内地区电力调度自动化系统的互联，应当及时断开网络，尽可能将影响限制在最小的范围之内。

（4）在排除故障后，必须找出导致自动化系统感染病毒或黑客攻击的原因，并进行整改，使病毒或黑客攻击不再重现。

（5）及时向国家电网公司报送自动化系统突发事件情况。

（6）形成事故分析报告，分析事故原因，修正预案处理流程并归档。

【方案三】变电站监控系统故障现场处置方案

一、事件特征

（1）变电站监控系统和设备同时失电或故障，导致变电站自动化系统瘫痪和功能丧失，无法对变电站进行实时监视和控制。

（2）变电站监控系统和设备由于设备问题、参数配置问题或人为误操作等因素，导致电网实时控制功能异常，发生自动化系统和设备引发的电网事故。

（3）变电站监控系统出现病毒感染或黑客攻击，导致变电站监控系统无法正常运行，网络瘫痪不能通信。

二、现场处置

（1）自动化值班人员、运维巡视人员或现场检修人员发现变电站监控系统异常后，应立即电话汇报调度、生产指挥中心及变电检修中心，告知异常情况。变电检修中心启动自动化系统突发事件处置应急预案。

（2）变电检修中心应及时收集汇总异常信息，对异常情况进行初步分析判断，做好处置前的准备工作。

（3）对监控系统及设备异常情况进行风险评估，必要时做好数据封锁、停用遥控功能、采用网络冗余技术或监控权下放等安全技术措施。

（4）组织应急抢修力量开展现场检修工作。

（5）根据现场异常情况，做好相关安全措施以及网安挂牌、主站数据封锁等技术措施。

（6）处置过程中，做好信息汇总、分析、报送工作。

（7）工作结束前，做好相关设备的数据备份、信息核对、状态确认工作。

三、注意事项

（1）及时建立应急处置工作群组，做好信息报送工作。

（2）相关人员应急联系的手机必须保持 24h 开机，确保应急处置过程中通信畅通。

（3）加强变电站自动化系统设备台账管理，做好备品备件的储备工作。

（4）及时向专业管理部门报送变电站自动化系统突发事件处置情况。

（5）形成事故分析报告，分析事故原因，修正预案处理流程并归档。